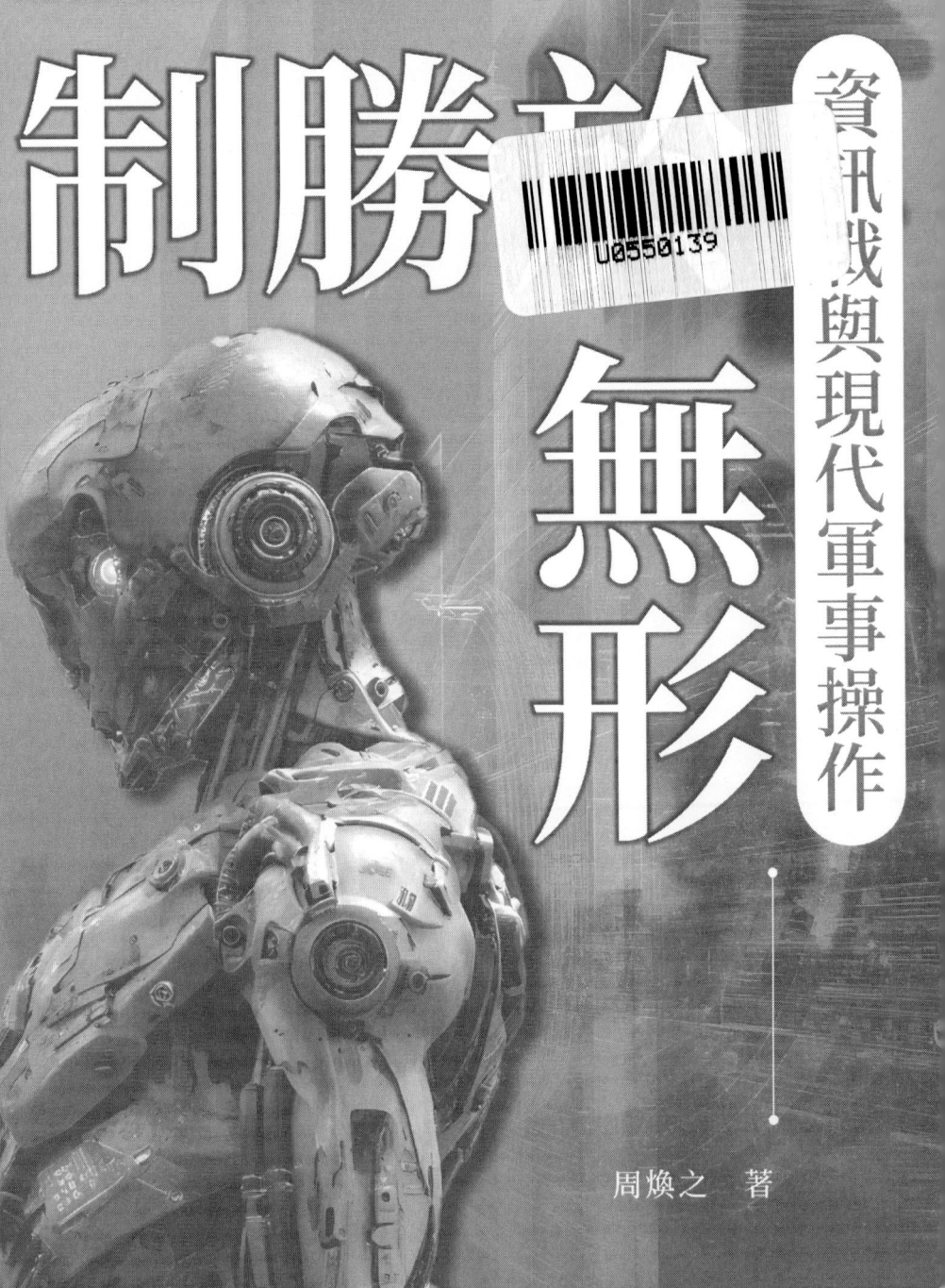

制勝於無形

資訊戰與現代軍事操作

周煥之 著

戰場不在遠方，而在你每日滑過的資訊之中
一場無聲的戰爭，正在螢幕、雲端與你的意識裡悄然展開

目錄

前言　　　當戰場不再需要戰爭 ………………………… 005

第一章　　資訊為王：當代戰爭的新高地 ……………… 009

第二章　　從傳統偵查到大數據分析戰略 ……………… 027

第三章　　電子干擾與空域控制：看不見的火力 ……… 047

第四章　　漏洞、演算法與虛擬軍團：駭客就是士兵 … 067

第五章　　電子欺敵與資訊假象：誘敵深入的新戰法 … 089

第六章　　演算法指揮官：AI 與自動化決策系統 ……… 109

第七章　　資訊優勢的戰略意涵與決勝瞬間 …………… 131

第八章　　網路基礎建設即戰略要地 …………………… 151

第九章　　認知操作：從資訊流到信仰操縱 …………… 171

第十章　　資訊戰的戰略轉型：

　　　　　全面升級的數位軍事態勢 ………………… 193

第十一章　混合戰爭：跨領域交鋒的新態勢 ………… 213

第十二章　斷訊即制敵：資訊封鎖的戰略運用 ……… 231

目錄

第十三章　平民即戰力：資訊傳播的群眾戰場 251

第十四章　資安就是國防：從紅隊到實戰防禦 267

第十五章　下一戰場：
　　　　　未來科技與智慧武力的極限對決 283

後記　臺灣，站在戰爭變革的最前線 299

前言
當戰場不再需要戰爭

「戰爭的本質從來不變,只是形式會隨人類對自身的理解而轉化。」這句話或許是我們理解當代戰爭最貼切的注腳。歷史上,戰爭曾是兵鋒相接,是城牆與攻城器械的對峙;是火力壓制,是坦克與戰機的鋼鐵競賽;但在當前這個以演算法統治社會、以感知決定行動的年代,戰爭的主戰場,已悄然從地圖移向了心智深處。

當你在手機上滑過一條消息、當你在社群上對某段影片點下轉發、當你的指尖隨著情緒點開某個連結時,戰爭,可能就已經發生了。這並非誇張修辭,而是現實的轉變。科技不僅改變了作戰的工具,更改變了作戰的起點與邏輯。如今的戰爭,不再等敵人入侵,而是從你相信什麼開始。

在這個時代,生成式人工智慧可以模擬領袖聲音,散布未曾發生的演講與命令;量子計算可以在數分鐘內破解傳統通訊系統,使軍令未達前線便已落入敵手;腦機介面與神經科技則讓決策速度壓縮到毫秒等級,甚至可能重構士兵對戰場的感知。戰場早已不止於物理空間,而是資訊、認知、信任與記憶所交織的綜合體。

前言　當戰場不再需要戰爭

　　許多人以為現代戰爭最關鍵的是科技競賽、軍備發展與 AI 的運算速度。但實際上，真正的戰場是「認知誰主導」、「節奏誰定義」與「誰在控制行動之前的情緒」。這就是當代權力的新面貌：不是發動戰爭的那個國家，而是讓別人相信戰爭已經發生的那一方。

　　戰爭在當代的進化軌跡，不再是科技疊加，而是領域融合——外交、經濟、社群媒體、語言模型、能源體系與個人信仰，成為一場無邊界的作戰整體。敵人不一定是軍隊，可能是一場精密設計的假訊息操作，也可能是一次銀行系統的斷訊危機，甚至是一場由 AI 產製的影片，讓人無法分辨「真實」與「可信」。

　　而「主動防禦」的概念，也在這一切變化中重新被定義。防禦已不再是等待攻擊，而是主動塑造一個讓對手無法採取行動的環境。透過誘餌技術、預測型偵測、紅隊對抗與軍民通訊整合，防禦本身已經成為一種攻勢手段。這是一場「設局」的戰爭，不是比誰反應快，而是誰讓敵人先走錯一步。

　　這也讓軍事的主體從「硬體主導」轉向「系統主導」，從傳統兵種到資訊、演算法、敘事與腦神經的結合。士兵可能不再只拿槍，而是背負著大量神經感測器、AI 輔助運算裝置與語義編譯器。指揮官也不再只看地圖，而是分析敵方認知鏈、社群情緒分布與通訊模式異常。在這個未來，快不再只是速度，而是「預先知道該如何讓敵人選擇錯」。

軍事的語言也在變化。過去我們談「前線」、「火力」、「制空」、「撤退」，如今我們談「流量」、「滲透」、「偽造」、「演算法節奏」與「認知介入」。作戰不是從發射第一枚飛彈開始，而是從第一則社群貼文的風向開始。心理戰與資訊戰已不是「戰爭的前戲」，而是核心戰區本身。

而在戰爭樣貌轉變的同時，另一個挑戰也日漸明顯——軍方與民間的邊界愈加模糊。資安體系、通訊衛星、金融平臺與數據資料庫，多數掌握在民間業者之手。這意味著，未來的國防不是建在軍營，而是建在一個科技巨頭的資料中心、一家雲端服務商的機房，或是一位無名工程師的程式碼中。如何整合軍民資訊、建立信任機制與危機共管機制，將是國安戰略最棘手也是最緊迫的命題。

如果說 20 世紀是火力主導的世紀，那麼 21 世紀的戰爭核心將是「資訊透明與信任黑箱」的對抗。不是誰的科技更強，而是誰更懂得如何讓對方錯信、錯判與錯行動。未來的勝利，不在於誰能摧毀更多設施，而在於誰能讓敵人自毀信念、自陷失控。

這本書誕生於這樣的歷史節點——一個資訊真偽難辨、演算法決定情緒、感知界線模糊、行動誤判頻仍的時代。我們無意預測戰爭的時間表，也無法為未來世界提供保證和平的藥方。但我們可以確定的是：當我們仍用舊時代的眼光看待戰爭，那麼我們將在毫無準備的情況下輸掉不知何時已經打響的第一戰。

前言　當戰場不再需要戰爭

　　戰爭，從未消失。它只換了樣貌，並悄悄走進我們日常生活的每一處角落。

　　真正的戰場，從來不只是前線。它可能正在我們的指尖，在我們打下訊息的那一刻；在我們做出選擇的瞬間；在我們相信某件事之前的那一秒。而這本書，就是為了讓我們更早意識到這一點，並且，準備好。

第一章
資訊為王：當代戰爭的新高地

第一章　資訊為王：當代戰爭的新高地

第一節　戰爭樣貌的變形：資訊取代武力的第一線

「真正的戰爭，發生在人與人之間，而非武器之間。」

資訊主權的時代來臨

進入數位時代後，戰爭不再僅是火砲交鋒與部隊推進的場域。相反地，它變得無聲、無形、無界。克勞塞維茲在《戰爭論》中反覆強調戰爭是一種「強制手段」，其核心在於迫使敵方屈服的意志互鬥（clash of wills）。而今日，這種意志的攻防，常常從資訊主權爭奪開始。

在這樣的邏輯下，資訊流量、平臺控制權、敘事話語權便成為新世代武器。例如俄羅斯在入侵烏克蘭前即已發動數千次資訊滲透與駭客攻擊，瓦解敵方社會信心與軍事預警能力。這正呼應孫子所言：「上兵伐謀，其次伐交，其次伐兵，其下攻城。」──資訊戰正是當代最純粹的「伐謀之戰」。

軍事思維的重構：從地形到數據

克勞塞維茲在《戰爭論》中闡述戰爭中「摩擦」與「不確定性」是軍事決策的最大阻力，而現代資訊戰的目標，就是製造敵方資訊摩擦、創造認知不確定性，使其錯誤判斷、失去主導

第一節　戰爭樣貌的變形：資訊取代武力的第一線

權。這使得傳統以地形、火力與兵力計算為核心的軍事思維，必須讓位於演算法理解與資訊情資統合。

查爾斯・蒂利在《強制、資本與歐洲國家的興起》中強調，國家力量取決於其組織暴力與資源的能力。若以此觀點延伸至資訊戰，則資訊組織與流動速度即成為關鍵。

而巴西爾・李德哈特的「間接路線」理論也再度回歸：資訊戰場就是當代最有效的間接攻擊路線，一場駭客入侵、一則社群操作、一個假地圖，就能使敵方錯判情勢，進而自亂陣腳。

國家安全的戰場前推：全民皆兵的資訊場域

福煦元帥在《戰爭原則》中曾指出：「戰爭的勝利屬於能最有效整合資源、組織與信念的國家。」而在資訊戰下，這種整合已延伸到整個社會：每一位工程師、記者、社群小編、開源情報分析者，皆可能成為資訊防衛鏈的一環。

臺灣與立陶宛等國的「資訊民兵」體系，即是典範。這與杜黑所談的「戰爭空間全面延伸」呼應，今日空域戰不僅來自空軍或飛彈，而是從每一個無人機操作平臺、通訊衛星節點開始。

也可從湯瑪斯・謝林《衝突的策略》中看到資訊優勢的嚇阻潛力。他主張：「衝突的本質不在於完全摧毀敵人，而在於讓敵人知道自己將被摧毀的可能性。」資訊優勢越大，嚇阻越強，敵人不戰自敗的可能性越高。資訊成為戰略訊號本身。

第一章　資訊為王：當代戰爭的新高地

新型威脅的出現：認知操縱與心理作戰

當資訊可被武器化，人的思想與情感便成為攻擊對象。在這點上，《戰爭論》對於「情緒」、「直覺」與「主觀判斷」的描述成為今天解釋認知戰的寶庫。克勞塞維茲指出：「戰爭指揮官的最大挑戰，是在不完全的情報中做出正確決策。」而資訊戰的目的，就是讓這種不完全性最大化，使指揮系統癱瘓。

從心理角度觀之，卡爾‧施密特《政治的概念》中的核心思想：「主權者是能決定例外狀態的人。」這正是今日社群平臺戰術的本質：製造集體焦慮與憤怒，使對方社會情緒瓦解，進而喪失內部凝聚力。

也如博伊德的 OODA 循環（觀察－導向－決策－行動）所揭示：現代資訊戰就是破壞對方的觀察與導向階段，使其決策無效化。這場戰鬥不是看誰開火快，而是看誰先解讀現實、重建敘事並操控節奏。

軍事預警不再只是雷達，而是演算法與情緒感知器

克勞塞維茲在論述「戰場摩擦」時說：「在戰場上的一切，與理論上的一切皆不同。」這句話今天聽來更具數位韻味——演算法讓我們不再單憑直覺預測敵情，而是由 AI 建模，從上百萬則社群訊息中偵測異常頻率、情緒偏移與指令語言模式，來判斷可能即將爆發的資訊行動。

第一節　戰爭樣貌的變形：資訊取代武力的第一線

軍情預警系統不再僅靠偵察衛星與雷達，反而更多仰賴文字雲分析、影音資料圖像辨識、深偽技術監控與「訊息流動節奏」的演變監測，這些正是 AI 與軍事神經網絡整合的新典範。

在這個層面上，杜黑早在制空權論中已提出一項核心預言：「未來的戰爭將發生在戰場出現之前。」這句話在今日資訊戰脈絡下，成為戰略判斷的最高準則。

戰爭的重心已移轉至資訊與心理

綜合十位戰爭理論巨擘的洞見，資訊戰不僅是新型戰術，更已成為戰爭本質的變形體。克勞塞維茲的「戰爭重心」一詞，在今日可被理解為「對資訊優勢與心智操控的爭奪」；孫子的「知彼知己」則不再靠間諜或俘虜，而是靠大數據與演算法；李德哈特的「間接戰略」被轉化為假訊息與敘事滲透；而謝林、杜黑與博伊德等人，則預見了訊號、節奏與選擇心理在戰場上的地位。

戰場不再始於邊境，而始於平臺與頻譜之間；勝負不再靠火力決定，而靠資訊解析與心理速度。

這是資訊戰時代的新現實，也正是我們必須從本節開始，徹底理解與重新建構軍事戰略思維的起點。

第一章　資訊為王：當代戰爭的新高地

第二節　從「武器優勢」轉向「演算法主導」

「勝利不在於武器的威力，而在於掌控了使武器得以發揮作用的節奏與條件。」

軍事優勢重構：從鋼鐵力量到數位指揮

在過去數千年的軍事歷史中，「武器優勢」始終是勝敗的核心變項。從青銅劍到坦克、從火槍到核武，戰爭總是在武器迭代之間進行。然而，當代戰場正在迎來一場無聲革命。今日的主導權，不再由誰擁有最大殺傷力武器決定，而是由誰能最有效率地使用資訊與演算法進行戰術部署與資源調配來掌握。

卡爾・馮・克勞塞維茲在《戰爭論》中強調，戰爭的重心（Schwerpunkt）會隨著時代與技術發展而轉移。傳統上，這個重心是敵方的軍力主體、指揮中樞或首都，但在資訊時代，這個「重心」往往是資料鏈、演算法系統、通訊網路或決策節點。若能癱瘓敵方的指揮流程，甚至使其 AI 誤判局勢，即可達成「間接勝利」。

間接戰略的數位化轉生

英國軍事理論家巴西爾・李德哈特於《戰略論：間接路線》中提出「間接戰略」的概念，即在不正面衝突下擾亂敵人、轉移

第二節 從「武器優勢」轉向「演算法主導」

其注意、讓敵軍精神或心理崩潰,以便兵不血刃奪取主動權。這一戰略,在現代演算法系統中得到完美延伸:當 AI 系統成為指揮鏈一環,則誘使對手 AI「自我誤導」就是新型的間接策略。

2020 年亞美尼亞與亞塞拜然的戰爭中,亞塞拜然透過無人機偵蒐配合演算法篩選目標,實現遠端精準斬首;而敵方則仍依賴傳統火力部署,反應慢半拍,導致慘敗。這便是演算法勝過武器配置的典型案例:你不需要比對方更強,只要比對方「看得更快」、「算得更準」、「指令下得更快」。

OODA 循環的演算法重構

OODA 循環(Observe-Orient-Decide-Act),由美國空軍理論家約翰・博伊德提出,是描述戰場決策反應速度的核心框架。傳統軍事組織中,每一層指揮環節都會造成延遲與資訊失真,而 AI 與演算法的介入,使這一循環轉為「數位即時反應鏈」。

在現代聯合作戰中,美軍透過「聯合全域指揮與控制」(Joint All-Domain Command and Control, JADC2)實現跨陸海空天網五域聯動,並透過 AI 即時分析多重感測器資訊,幾乎將 OODA 循環壓縮至數秒內完成一次。這種速度上的優勢,成為現代戰爭中「演算法主導勝負」的最佳例證。

克勞塞維茲所說的「戰爭中的摩擦」,本質是指人類無法掌握所有資訊與變數,導致計畫總是趕不上變化。而 AI 之所以具戰場潛力,正是它能將這種摩擦最小化,甚至在混亂中找出

第一章　資訊為王：當代戰爭的新高地

趨勢與節奏。這也是戰爭決策正在從「將軍經驗」轉向「模型預測」的深層變革。

自主系統的倫理模糊線

當 AI 進入作戰決策中樞，另一個無法迴避的問題便是倫理邊界。福煦在《戰爭原則》中指出：「戰爭雖是暴力的競技，但不得無視其政治性與人性基礎。」這句話在 AI 戰場中顯得格外沉重。誰負責演算法錯誤判斷造成的誤殺？誰決定 AI 是否可以自主發動致命攻擊？

以色列與美軍皆已開發具備自主攻擊能力的無人系統（如 Harpy、Maven 計畫），雖然強調仍有人類最終審核權，但實務上戰場節奏可能不容人介入。例如一枚導引飛彈若由 AI 辨識「疑似敵軍」即啟動追擊，僅需 0.8 秒，遠超人類反應。

孫子兵法說：「用兵之道，無恃其不來，恃吾有以待之。」如今的「有以待之」，已非防線與兵力，而是是否有能力讓 AI 在不確定性中做出相對最佳判斷。

將軍轉為工程師：戰爭設計者的身分轉移

在 AI 時代，戰爭的設計者已不再是單一統帥，而是由一整組資料科學家、模型工程師與演算法軍官所構成的聯合團隊。這是克勞塞維茲未曾預見的戰爭未來：軍事意志的實現，需經

第二節　從「武器優勢」轉向「演算法主導」

由程式碼撰寫與機器學習訓練完成。

更深層的問題是：當武器系統越來越依賴資料驅動與黑箱模型，指揮官還能完全理解他所下達的攻擊方式嗎？若演算法結果無法解釋，則戰爭決策的正當性與可預測性將遭到前所未有的挑戰。

湯瑪斯・謝林曾警告：「戰爭不再是選項，而是反應。」在演算法主導下，決策可能不再「由人選擇」，而是由演算法決定這一切是否「符合最佳機率模型」。

從火力支配到數據節奏的主導權

從克勞塞維茲的戰爭重心理論，到李德哈特的間接戰略，再到博伊德的 OODA 與謝林的策略互動，皆清楚指出：戰爭從來不只是拼裝備，更是節奏與判斷的競賽。

而今天，這場競賽已從實體戰場轉移至數據模型之間。演算法是新一代「槍砲」、資訊流是新的「補給線」、AI 判斷就是新的「將軍」。這場戰爭的勝負，也將由那些能夠駕馭資料、預測未來與控制戰節的人所主導。

第三節　指揮鏈再定義：資訊控制的戰略中樞

「在戰爭中，指揮的本質是對不確定性的組織性反應。」

傳統指揮體系的終結與重建

過去兩百年來，軍事指揮體系的設計大致遵循「命令——傳遞——執行」的三階式邏輯，其核心依據來自拿破崙時期所建立的軍官制與分層管理原則。然而隨著資訊科技與戰場複雜度的倍增，這一模式正面臨來自內部與外部的多重挑戰。

克勞塞維茲曾指出：「軍事指揮官永遠身處資訊不足與心理壓力之中。」這個論點在數位戰場不但未曾消失，反而因資訊過量、節奏加速、來源混雜而更加突顯。今日的問題不再是「資訊不夠」，而是「資訊太多且無法消化」，導致指揮官被演算法與模型「包圍」，形成決策癱瘓（decision paralysis）。

指揮權的重心轉移：從階層式命令到動態網絡協同

在 AI 與即時通訊技術支撐下，許多軍隊開始採用扁平化的作戰架構，讓戰場單位能快速回報並獲得回饋，甚至自主依據資訊做出區域性決策。這種新型結構最具代表性的實例便是美軍所推動的 JADC2 系統——「聯合全域指揮與控制」。

第三節　指揮鏈再定義：資訊控制的戰略中樞

在 JADC2 中，所有感測器與指揮系統皆被納入一個整體資訊網絡，由 AI 整合情資、優化部署、提出建議。指揮官的角色不再是逐一指派命令，而是監控整體節奏、調整優先順序、啟動授權機制。這與李德哈特「間接路線」戰略觀不謀而合──真正的控制，不在於每一指令都發自總部，而在於讓整體系統維持正確方向與節奏。

摩擦再定義：資訊流的斷裂與誤解風險

克勞塞維茲在《戰爭論》中提出著名的「摩擦理論」，指的是戰爭中一切可能發生的阻礙、延遲與混亂。而在資訊化指揮體系中，這種摩擦不再只是士兵走錯方向或命令傳遞不清，而是演算法誤判、資料延遲、通訊失效、甚至敵方資訊干擾所導致的全局性認知錯亂。

例如在 2020 年美軍於中東地區進行的一次無人機定點打擊行動中，就有報導指出，因目標定位過程中出現天候影像扭曲與資料比對錯誤，導致判斷失誤與目標誤殺。此一事件突顯出現代資訊戰場中並非單純的人為誤判，而是源自於系統設計盲點、資料品質缺陷與通訊鏈脆弱性所構成的「技術摩擦」，足以對戰術執行產生實質影響。

這點也與朱利奧・杜黑在《制空論》中強調的「戰場資訊主動權」理念呼應。他主張：「能否打贏空戰，取決於誰先看清楚

戰場，誰先癱瘓對方的觀察系統。」這句話在今日資訊戰場中應該改寫為：「誰能主動控制資訊流，誰就能主導整體戰局。」

從單點決策到「集體直覺」：AI 與人類的協同困局

軍事指揮者過去被形容為「在迷霧中尋找真理的人」，然而在 AI 主導的作戰環境中，指揮官面臨的已非迷霧，而是一座龐大的黑箱系統所輸出的「最佳選項」。這使得許多將領與指揮中心的角色轉變為模型審閱者與風險把關人，而非直接命令者。

問題在於，當 AI 決策過程無法被解釋 (black-box decisioning)，人類是否仍能對其判斷提出質疑？湯瑪斯・謝林在《衝突的策略》中指出：「策略的成功來自對行動反應的深刻預期，而非盲從機率計算。」AI 雖能提供高效選項，但卻無法預測敵方「非理性行為」的心理反應，這點正是人類決策者所不可或缺的價值。

此外，AI 容易過度依賴模式過去所學，而無法快速應對「劇變情境」（如心理戰突發、資訊系統遭干擾等）。這也證實了克勞塞維茲對「創造性直覺」的強調──真正的指揮者，在關鍵時刻必須有勇氣違背系統建議。

軍事領導的轉型：從權威命令到知識協商

這場指揮鏈的重構，也正在悄悄改變軍事文化。過去軍官的權威來自於位階與戰場經驗，但在演算法驅動下，指揮價值

第三節　指揮鏈再定義：資訊控制的戰略中樞

來自於能否理解資料模型、快速與 AI 協調、並有效回應敵方資訊行動。

在瑞典國防研究院與以色列 IDF 的合作中，我們已看到「資訊軍官」(Information Officers) 的崛起。他們並不直接指揮部隊，而是負責協調 AI 分析結果與實際部署之間的落差，成為軍事領導的新中層力量。

正如費迪南・福煦在《戰爭原則》中所言：「現代戰爭的勝利不再只是由最勇敢的士兵決定，而是由能整合系統、預見未來、與人協作的指揮系統形成。」這句話在今天尤顯深刻。

指揮鏈變形，戰爭節奏重組

綜合觀之，資訊戰不僅改變了作戰工具，更徹底改寫了「誰有權下令、誰該執行、何時行動」這一整套軍事指揮邏輯。戰爭的指揮不再是「上對下」，而是「人機協作」、「資訊協調」、「節奏主導」。

未來的將軍，不再只是拿望遠鏡觀察戰場的戰術家，而是站在中控中心協調各地演算法、調度頻譜權限、並引導認知節奏的數據指揮家。

這也意味著：戰爭的中樞，不再在前線，而在資訊節點與演算之間。

第一章　資訊為王：當代戰爭的新高地

第四節　決勝於數位維度的主導權之爭

「真正的主導地位，不在於擊敗敵人，而在於讓敵人無法開戰。」

主導權的概念重塑：從制空到制訊

在傳統戰略中，「主導權」意指控制戰場節奏、地形與敵我資源配置的主動性。朱利奧・杜黑在《制空論》中強調：「掌握空域即掌握戰爭的未來。」而在今日，我們可以明確地說：掌握資訊流即掌握戰爭的現在。

隨著軍事行動全面數位化，主導權的競爭已轉向數位維度。這個維度不僅指的是數位通訊與網路頻譜，更關鍵的是「資訊解讀的優先順序」、「敘事控制的起點」與「對敵方感知的預先操控」。

卡爾・馮・克勞塞維茲在《戰爭論》中所說的「戰爭重心」（Schwerpunkt），今日可被理解為對數位系統的領先控制、對資料節奏的壟斷、對敵方 OODA 循環的破壞與干擾。

演算法壟斷：戰場節奏的新武器

在資訊戰場上，演算法不僅分析戰情，更塑造戰情。當你能控制哪些資料先被處理、哪些資訊被放大、哪些選項被刪

第四節　決勝於數位維度的主導權之爭

除，你就等同於成為「看不見的指揮官」。這種戰略意義，被湯瑪斯・謝林描述為「選項的操縱與預期的設計」。

在社群平臺與戰場資訊即時交錯的今天，演算法優勢意味著：

- 掌握敵方思考與部署的時差差距；
- 設計敵人誤解你真實意圖的敘事順序；
- 提前干擾敵方心理穩定與社會信心節奏。

而這一切的核心，不在於「誰知道得多」，而在於「誰先知道、誰先解釋、誰先輸出行動建議」。資訊不是知識，而是一種節奏掌控。

戰爭主導的非對稱化：破壞而非壓制

巴西爾・李德哈特所推崇的「間接戰略」在數位維度中展現出嶄新形式——不再是軍力繞行、火力轉向，而是演算法欺敵、資訊重組、敘事主導。

這種非對稱主導策略的操作，常見於下列模式：

- 在敵方尚未反應之前改寫其資訊地圖；
- 主動釋出假訊息，引導敵人錯估戰略態勢；
- 癱瘓敵方決策節奏，破壞其 OODA 循環的「O」與「O」環節（觀察與導向）；
- 控制媒體與社群平臺的話語場，讓敵方民心先動搖。

第一章　資訊為王：當代戰爭的新高地

在這種結構下，傳統戰爭的節奏被解構。軍隊未動，戰爭已發。敵人尚未行動，社會已經崩解。

克勞塞維茲曾說：「戰爭的藝術，在於讓敵人在未交戰前已認定敗局。」而現代資訊戰正是實踐此精神的場域——一場對敵方認知、節奏與心理主導權的全面侵入與重組。

敘事就是勝負：掌握語境即主導現實

在社群化與開放資訊時代，戰爭不只發生在前線，更發生在語境之中。敘事不再是輔助，而是主戰工具。這點在湯瑪斯·謝林《衝突的策略》中也有深刻分析：「一切策略的目的，不是毀滅敵人，而是改變敵人的預期。」

改變預期的關鍵工具正是「敘事」——誰先說出戰爭的故事、誰的版本占領平臺主流、誰能讓全球媒體引用其說法，誰就成為數位維度的主導者。

舉例來說，2022 年俄烏戰爭初期，烏方資訊部門即透過大量社群素材（總統自拍、無人機影片、戰俘影像）強化全球輿論動能，不僅爭取軍援與國際聲援，也有效癱瘓俄方在第三世界的宣傳節奏。

資訊即地形、敘事即火力——這便是今日主導權的心理戰結構。

第四節　決勝於數位維度的主導權之爭

誰控制節奏，誰控制勝負

資訊戰場中最關鍵的變項是節奏（tempo）。這個概念並非單純時間速度，而是指誰能維持行動與資訊釋出的主導節奏。

克勞塞維茲的「摩擦理論」指出，戰爭進行中最重要的是消除混亂與不確定性。而在資訊維度中，混亂與摩擦不只來自敵方，更來自資料爆炸與節奏錯亂。

若一國或一軍能維持穩定節奏、不被敵方資訊動搖、同時操控輿論與演算法輸出邏輯，則即便武力不占優勢，也可在主導權上逆轉乾坤。

正如李德哈特所說：「主動者未必是最強者，但他是節奏的制定者。」在這個維度中，主導不再需要全面壓制，而是提前定義敵人的行動空間與心理範圍。

資訊場即主戰場，主導權先於武力

資訊戰時代的「主導權」早已不在軍備比較與地形優勢之上，而在於：

- 誰先取得情資解讀權；
- 誰能壟斷演算法節奏；
- 誰能駕馭敘事輸出；
- 誰能干擾敵方的預期與認知模型。

第一章　資訊為王：當代戰爭的新高地

　　這些維度,不僅無形、快速、難以預警,且幾乎不受國際法規範,形成現代戰爭最危險也最有效率的主導權爭奪模式。

　　戰爭在此被徹底重構為一場節奏之爭、語境之爭與預期之爭。

第二章
從傳統偵查到大數據分析戰略

第二章　從傳統偵查到大數據分析戰略

第一節　情報收集的演變：
　　　　從間諜到感測器

「兵者，詭道也。故能而示之不能，用而示之不用，近而示之遠。」

情報為戰之始：情報的本質與戰略地位

在任何一場戰爭中，情報永遠是第一個被動員的資源，卻往往是最不被民眾與士兵察覺的存在。孫子早在兩千五百年前便明言：「非聖智不能用間，非仁義不能使間，非微妙不能得間之實。」情報不只是資料，更是一種敵我心理的預見力與節奏的前瞻性控制。

克勞塞維茲在《戰爭論》中則進一步將情報的不完全性視為戰爭「摩擦」的來源之一，強調指揮官應能在資訊混沌中做出「最可能正確」的決策。這種對不確定性的處理能力，是情報的真正戰略價值。

現代戰爭中，這種不確定性不僅來自敵方有意遮掩，更來自訊息來源爆炸、傳播速度加快與資訊造假難辨，使情報收集的「真」與「用」變得更加複雜與關鍵。

第一節　情報收集的演變：從間諜到感測器

從間諜到衛星：情報技術的歷史演變

傳統情報的收集方式可分為兩大類：人力情報（HUMINT）與技術情報（TECHINT）。人力情報源於間諜與滲透，是孫子時代最主要方式；而技術情報則在 20 世紀後迅速興起，從無線電攔截到紅外線感測、到今日的 AI 影像辨識與網路流量分析，形成跨世代技術跳躍。

冷戰期間，技術情報（如 U-2 偵察機、KH 系列衛星）成為美蘇角力的決勝支點。到了 21 世紀，隨著無人機與衛星星鏈群的擴展，以及 OSINT（開源情報）系統化的成熟，情報來源由封閉轉向開放、由特權轉向公民、由高層轉向即時。

在 2022 年俄烏戰爭中，烏克蘭與全球志願者組織建立的 OSINT 行動便成功監測俄軍動態，甚至優先掌握俄軍前線部屬資訊，成為全球首次由「群體性民間情報行動」主導戰場的範例。

情報與權力的重分配：民主戰爭的情報邏輯

過去的情報屬於國家壟斷領域，如今卻逐漸下沉到社群平臺、開源工具、甚至全民參與。這一現象改寫了軍事指揮的權力結構，也讓傳統「情報單位」被迫與民間互動，甚至重新設計資訊流動結構。

美國國防體系近年日益重視開放來源情報（OSINT）的戰略價值，並逐步探索「情報民主化」的作戰模式。部分軍事分析界

第二章　從傳統偵查到大數據分析戰略

將此趨勢概括為「開放情報融合模型」：允許經安全審核的外部公民分析師、數據科學家與獨立記者，參與可疑資訊的交叉比對與戰場訊號的驗證工作。這種跨界合作形式被視為未來軍事情報體系轉型的重要起點。

然而，這也引發新的摩擦與風險。若敵方有能力操縱群眾平臺、放出假訊息引導分析，則整個開放情報系統反而變成「誤導迴聲室」，造成指揮錯誤，甚至戰術誤殺。

戰場資訊節奏的再定義：速度即優勢

情報的本質不在於「多知道什麼」，而是「比對手早知道」。費迪南・福煦在其戰略理念中強調，預知與準備是勝利的核心要素。總結其觀點，可說：「預知即勝利的一半。」這句話在資訊時代尤為真切。今天的戰場是秒級反應、節奏導向的運作邏輯。當資訊可於十秒內送達戰術單位並由 AI 轉化為行動指令，則情報收集就不再是獨立任務，而是戰場即時行動的一部分。

以色列軍方在 2021 年針對哈瑪斯的作戰中，採用即時感測＋AI 分析＋實境斬首（sensor-to-shooter）架構，成功於數分鐘內從影像判讀到實體打擊，完成「資訊即武力」的系統整合。

克勞塞維茲所稱「戰場摩擦」在這種系統中被大幅降低，代之以數據流主導節奏與決策，這正是演算法與感測器將情報與行動融合的終極實踐。

第一節　情報收集的演變：從間諜到感測器

資訊洪流下的情報判讀能力：人機協同的新挑戰

當每秒都有數百萬筆資料進入情報系統，真正的挑戰不再是「收集情報」，而是判讀、驗證與轉化。這也是當代指揮官與情報分析官最常面對的困境——人力無法即時分析這些巨量資訊，AI 雖快卻不懂情境。

這種人機協同問題，正是今日情報戰場的最大摩擦點。湯瑪斯·謝林強調「策略的根本是解釋與預期的交錯關係」，但 AI 不會「解釋」，它只會「模式比對」。因此現代情報體系需要建立：

❖ **多層級人機交錯模型**，即戰略級由人類主導、戰術級由 AI 執行；

❖ **資料溯源與資料信任模型**，避免假情報流入決策中樞；

❖ **跨域整合平臺**，統合 HUMINT、SIGINT、IMINT、OSINT 等各種情報形式。

這些設計不僅是技術挑戰，更是軍事組織文化與指揮結構的再設計。

情報即主導權的起點

從孫子的「用間」到今日的衛星、感測器與 AI，我們看到情報已從間諜行動轉為一場跨網路、跨演算法、跨國界的立體情報戰。它不再是一項單獨職能，而是整體戰爭系統的起點、節

奏的啟動器、決策優勢的來源。

若以克勞塞維茲的邏輯來看,今日情報已不只是削弱不確定性的工具,而是主動塑造敵方不確定性的武器。

掌握情報,就是掌握主導權的開端。

第二節　大數據運算在戰場態勢中的應用

「戰爭中的最大困難,是在資訊不全的情況下作出正確的判斷。」

從感知到理解:數據如何變成戰場優勢

當現代軍事行動逐步數位化,每個感測器、無人機、衛星、士兵身上的裝置,無時無刻不在產生龐大數據。從地面運動軌跡、空域熱訊號,到網路流量波動與語音通話紀錄,戰場幾乎成為一個資料密度高到飽和的動態平臺。

然而,數據本身並非戰略資產,除非能經過處理、轉化、分析,並有效應用於戰場上。這正是大數據運算介入軍事領域的真正目的——將巨量、異質、即時的資訊轉化為可操作的戰場智慧(actionable intelligence)。

在此過程中,軍事理論家們對「判斷」與「可知性」的思考

第二節　大數據運算在戰場態勢中的應用

再次成為現代演算法的基礎。

克勞塞維茲所說的「霧中作戰」，如今已被演算法試圖撥雲見日，但這場可見性革命，背後潛藏的仍是結構性風險：若模型錯誤、數據不全或敵人刻意誤導，則這場清晰可能成為自信的陷阱。

資料的三層戰術意涵：即時性、關聯性、預測性

在軍事大數據中，並非資料越多越好，真正能轉化為作戰優勢的資訊，必須符合三個特質：

- **即時性（Timeliness）**：戰場資訊需要與現實同步，否則即便資料再準確也無法支持決策。在美軍紅旗演習中，曾有報告指出資料延遲可能導致友軍位置判讀錯誤，進而影響戰術部署。
- **關聯性（Relevance）**：大量資料中僅少數與目標任務直接相關。資料關聯性需要演算法進行語意理解與空間結構辨識，否則極易誤導指揮中心做出錯誤部署。
- **預測性（Predictiveness）**：最具價值的資料，是能預測敵方行動、補給節奏、心理狀態與敘事主軸的資訊。這類資訊極度稀少且須高度整合處理，才能呈現出對未來的「戰略感知」。

費迪南・福煦曾說：「戰略是一門對未來時間的管理藝術。」而大數據分析正是讓軍事單位得以超越感測器限制、突破人腦思維瓶頸、提前進入未來的一種科技延伸。

第二章　從傳統偵查到大數據分析戰略

戰場資料流程：從收集到應用的全鏈運算

軍事大數據運算並非單一作業，而是由以下五個關鍵流程所構成：

- **感測收集（Sensing）**：來自地面部隊、無人機、衛星、雷達、聲納、社群平臺等多重來源；
- **資料清洗（Cleaning）**：剔除重複、雜訊、干擾與非戰術相關內容；
- **特徵提取（Feature Extraction）**：提取地形、時間、熱源、信號頻率等作戰參數；
- **模型分析（Modeling）**：套用深度學習、貝氏推理、神經網路等進行預測；
- **行動導引（Tasking）**：將分析結果轉化為目標座標、行軍路線、火力排序或 AI 提示。

這一鏈條的完整性決定了軍事反應是否具有「節奏優勢」與「行動準確性」。若任一節點延遲、失準或遭干擾，即可能造成全局錯判。

AI 與預測模型的崛起：指揮官的數位輔佐官

AI 成為指揮系統的一環，並非未來預言，而是今日事實。許多軍隊已將 AI 部署在 C4ISR 架構內的「預判層級」中，協助

第二節　大數據運算在戰場態勢中的應用

判斷敵方補給週期、火力部署、潛在隱匿路線，甚至分析社群平臺情緒波動以預測心理戰走向。

在 2020 年亞塞拜然與亞美尼亞的戰爭中，亞方即利用 AI 模型分析影像與通訊流量，預判亞美尼亞某據點即將集結火砲，並主動出擊殲滅其戰前準備行動。

這種模式讓 AI 不再只是後勤工具，而是戰場節奏與行動設計的主導者。然而，它也帶來關鍵風險：若模型根據過去資料建立，而敵方戰術創新超出預期，則 AI 反而會錯判，導致整體誤導。

這一點，與克勞塞維茲「摩擦」與「策略靈活性」之論完全呼應。他指出：「最可怕的不是敵人強，而是我們對敵人的認知錯誤。」

戰術速度與系統過載：資訊優勢的雙刃劍

大量資訊確實提供戰場優勢，但當資料超出人力處理上限，即可能反造成反應延遲與決策癱瘓。這就是資訊戰中所謂的「過載戰術」（Information Overload Tactic）。

情報學者與軍事心理學家證實：當一位指揮官一次面對超過七個互相矛盾的數據來源，決策品質會顯著下降。這意味著資料太多，也可能讓部隊失去「戰術直覺」。

湯瑪斯·謝林提醒我們：「策略不在於擁有所有資訊，而是

第二章　從傳統偵查到大數據分析戰略

能在不完全資訊中做出可信決策。」因此，現代大數據架構的真正關鍵，不在於資料量，而在於過濾機制與判斷模型的設計是否合乎戰場心理節奏。

也因此，美軍與以色列 IDF 在 AI 戰術實驗中，已逐步建立「資訊接入門檻」與「任務導向濾波」模型，讓不同階層的指揮官僅接收其「可承擔資訊」範圍內的動態數據，避免整體戰場視野反因過多雜訊而陷入混亂。

資料戰場的真正價值在於「解釋力」與「節奏性」

大數據在軍事領域的真正價值，不在於技術炫目，而在於是否能提前塑造戰場節奏、預測敵方意圖、簡化指揮官認知壓力、並維持整體作戰一致性。

在這個過程中，軍事理論家們的智慧並未過時，反而在數位化背景下展現新意義——克勞塞維茲的「摩擦」變成演算法盲區，李德哈特的「間接路線」化為數據誤導攻擊，謝林的「預期管理」則是模型輸出的最終目標。

第三節　C4ISR 與決策優勢的即時聯動

「指揮是一種意志的貫通，而非命令的堆疊。」

C4ISR 的全貌：資訊戰的神經系統

所謂 C4ISR，指的是「指揮（Command）、控制（Control）、通訊（Communication）、電腦（Computers）、情報（Intelligence）、監視（Surveillance）與偵察（Reconnaissance）」。這一概念並非單純的技術分類，而是戰場中資訊處理與決策運作的完整中樞體系。

從冷戰末期開始，美國軍方逐步將 C4ISR 架構視為戰場即時反應系統的「中控臺」。它不僅串聯前線與後方，也整合空、海、陸、網、天等五維作戰要素，讓指揮官能夠在資訊極度複雜的情況下，依據即時情資進行快速、合理、有效的部署與命令。

克勞塞維茲在《戰爭論》中指出，指揮的最終挑戰，在於資訊不足與摩擦過程中，依然能做出堅定且有遠見的決策。C4ISR 的價值，正是在於降低這種摩擦，協助指揮官在時間壓力下維持認知穩定與戰場掌控。

由資訊到行動：即時決策鏈的重組工程

現代 C4ISR 系統並非一條線性的「資訊收集→分析→行動」路徑，而是一個高度模組化的即時互動網絡。其運作邏輯如下：

第二章　從傳統偵查到大數據分析戰略

❖ 感測端（Sensors）收集戰場多維資料：包含影像、熱源、通訊、行動軌跡等；
❖ 處理端（Computers）進行資料清洗與運算建模，生成初步行動建議；
❖ 情報中心（I）判斷資料價值與交叉驗證，轉化為「可行性目標」；
❖ 指揮單位（C）依照情資進行動態判斷，結合戰略目標發出指令；
❖ 控制機制（C）則負責監控命令執行過程與實施修正，確保作戰連貫性。

這一整套流程，不僅仰賴 AI 模型與數據科學，更要求指揮官具備跨領域協調、資訊理解與戰場預判的整體戰略素養。正如福煦所言：「指揮之所以困難，是因為它要求在一切皆不確定時，做出唯一確定的決定。」

聯域整合作戰：從單一軍種到整體協同

以 C4ISR 為基礎，美軍進一步提出「聯合全域指揮與控制（JADC2）」概念，目標是在跨空域、跨軍種甚至跨國聯盟間建立共通作戰平臺，讓每一個節點都能「感知、判斷、協同、執行」。

例如，當衛星感測器偵測到敵方無人機進入指定空域，系統會：

第三節　C4ISR 與決策優勢的即時聯動

- 立即推播預警至陸軍雷達站；
- 通知空軍無人機指揮部進行航線遮斷；
- 通報網軍監測該無人機通訊協議是否可破解；
- 最後由 AI 依據戰情模型提出攔截或誘導路線建議。

這種跨維度資訊融合與即時互動，將戰場轉化為一個「動態決策生態系統」，不再是由一人或一群將軍進行高層指揮，而是每一個資訊節點共同維持的智能戰場秩序。

李德哈特曾指出：「現代戰爭的主導權，將由那些能將『節奏』轉化為『制度』的國家所掌握。」而 C4ISR 正是將資訊節奏制度化的具體呈現。

心理節奏與資訊節奏的同步挑戰

C4ISR 系統雖可快速處理與傳遞資訊，但指揮官與作戰人員的心理節奏卻未必能與之同步。這是現代戰場中最細緻卻也是最致命的摩擦點──當資訊流快過人腦判斷時，決策可能反成失誤來源。

軍事心理學研究指出，人類在高壓與高資訊密度的戰場環境中，其判斷力可能出現「非線性崩潰」──即在資訊量突破心理承受閾值時，出現認知過載、情緒崩潰與協同失調等連鎖反應。若無妥善設計的指揮支援機制與節奏調控系統，整體 C4ISR 體系反而可能成為風險加速器。

第二章　從傳統偵查到大數據分析戰略

　　為此,以色列與法國軍方近年投入「戰場認知負載監控」與「AI 輔助決策模組」的研發,嘗試即時監測指揮官的資訊負荷、情緒波動與反應時間,並導入策略級干預建議,以強化戰術指揮的穩定性與延展性。

　　這正呼應克勞塞維茲所說:「戰爭中的關鍵時刻,不是戰術判斷,而是意志的穩定與信念的堅持。」而 C4ISR 的成功與否,不只是技術問題,更是心理－資訊－行動三者同步協作的系統工程。

組織重構:資訊戰驅動軍事編制進化

　　C4ISR 的導入不僅改變戰術運作邏輯,也推動軍事組織的結構性變革。傳統以軍階為核心的直線式指揮體系,在多維資訊即時交錯下,必須轉型為網狀式協同體系,允許不同專業單位根據資訊狀況,彈性介入戰術節點。

　　這也催生出許多新角色,如:

- 資料軍官(Data Officers):負責協調各資訊來源、確保資料可信;
- 資訊行動協調員(Information Action Coordinators):主導資訊戰與認知作戰的同步;
- AI 戰術分析師(AI Tactical Analysts):即時根據 AI 回饋進行人機整合判讀。

第三節　C4ISR 與決策優勢的即時聯動

在這種模式下，指揮官不再是「全知型」角色，而更像一位節奏編排者與系統穩定者，他的任務是讓整體資訊與行動流程保持有機穩定的秩序感。

C4ISR 的戰略價值在於「連結」與「協同」

C4ISR 的出現，不只是資訊技術的演進，更是軍事指揮與戰略思維的根本轉變。它讓戰場由「命令中心」轉向「資訊協作節點」，讓軍種由「分工式合作」轉向「即時聯動」，也讓決策由「權威單向」轉向「智能輔助下的多元動態」。

這場轉變的核心戰略價值，在於：

- ❖ 打破資訊孤島，創造跨域理解；
- ❖ 壓縮決策時間，維持節奏優勢；
- ❖ 建構可塑性高的戰場應變結構；
- ❖ 使戰術反應與戰略目標無縫接軌。

正如孫子所說：「善戰者，勝於易勝者也。」現代戰場的「易勝」，不在於武力強大，而在於系統的聯動與節奏的控制──而這，正是 C4ISR 的終極價值所在。

第四節　資訊飽和與誤導風險的平衡戰術

「最致命的錯誤，往往不是無知，而是錯誤的資訊披上正確的外衣。」

當資訊成為「過多的彈藥」

在現代資訊戰場上，資料已如同彈藥般密集而強大，但若處理不當，它也可能像未引爆的地雷般潛藏危機。正如克勞塞維茲在《戰爭論》中所言：「戰爭之霧存在於我們無法正確掌握資訊的時刻。」而資訊飽和，正是現代戰爭的另一種「霧」。

所謂資訊飽和，是指系統或決策人面對過多、過快、過雜的資料輸入時，無法有效篩選與處理，導致判斷失靈、反應延誤、甚至認知崩潰。這種現象在指揮鏈越高層越常見，因為上層常被視為「情報匯聚點」，最容易成為資訊過載的受害者。

美軍在 2003 年伊拉克戰爭中曾出現 C2 系統（指揮與控制）因衛星影像、戰場監視器與即時通訊同步湧入而導致「資訊塞車」，結果戰術單位未獲適時指令，錯過包圍機會。這即是一場「資訊太多導致反應過慢」的典型。

第四節　資訊飽和與誤導風險的平衡戰術

認知過載與心理節奏的錯位風險

資訊飽和不只是技術問題，更是心理戰問題。軍事心理學指出：當指揮官面臨七組以上互相矛盾或交叉無法確認的資訊時，將產生「認知決策迴避」（decision avoidance）傾向。也就是說，他們可能會：

- 拖延決策、期待更多資訊；
- 對任何選項失去信心；
- 交由演算法決定、降低責任意識；
- 被敵方預測的「慢反應」節奏牽著走。

這種現象即李德哈特所稱的「節奏控制權失落」。當敵方掌握資訊節奏，你雖然手握更多資料，卻只能被動應對。此時，「資訊主導」的假象，實則掩蓋了「主動權喪失」的實質。

假資訊與深度誤導：資訊戰中的「間接火力」

與資訊過載並列而生的，是資訊欺敵與誤導操作。從孫子的「示之以遠、近之以疾」，到謝林所說的「預期管理」，假資訊在戰場上始終扮演關鍵角色。但在資訊化時代，這種誤導行動變得更加致命，因為它能穿透資料系統、入侵模型邏輯、干擾整體戰略預判。

現代資訊誤導常見於三個層面：

第二章　從傳統偵查到大數據分析戰略

- ❖ **視覺層誤導**：透過衛星圖片造假、熱源偽裝、數位地圖改寫；
- ❖ **語意層誤導**：針對資料標籤進行操控，讓 AI 錯判敵我；
- ❖ **節奏層誤導**：主動釋放部分正確訊息，引導敵方預判出錯時間點與空間節奏。

2022 年俄烏戰爭初期，俄方一度故意釋出軍事車隊北上基輔的影像，引導烏克蘭集中部署，實際則在東線進行包圍佯動。這場深度假訊息操作，不靠技術壓倒，而靠「資訊誤導的時間差」完成了戰術突破。

AI 與資訊風險：演算法的信任與黑箱

大數據與 AI 雖然能快速處理龐大資料，但它們也存在「黑箱誤判」的潛在風險。許多軍事 AI 系統無法自我解釋運算過程，僅輸出結果，這使得指揮官無法判斷該結果是否源自誤導資料或模型偏誤。

當假訊息滲入訓練資料集，或敵方設計出「對抗樣本」（adversarial input）讓 AI 系統錯判，整體戰術判斷將瞬間崩盤。

在 2021 年美國國土安全部針對一項無人機 AI 模型測試中發現，僅需將一面建築物塗上特定紋理，即可讓 AI 錯將該建築判斷為空地，導致武器誤投。這不是演算法失效，而是資訊欺敵者掌握了「資料盲點」並加以利用。

第四節　資訊飽和與誤導風險的平衡戰術

這也驗證克勞塞維茲所說：「戰爭最大的危險，是你以為你知道的一切，其實都錯了。」

平衡戰術：建立多層驗證與節奏過濾系統

面對資訊飽和與誤導風險，軍事體系需要建立三層防禦機制：

- **資料過濾層（Information Filtering Layer）**：透過語意標籤、任務關聯分析，自動剔除不相關與不實訊息；
- **驗證互評層（Cross-validation Layer）**：結合 AI 與人力，設立雙層判讀流程，讓機器與人各自扮演懷疑者角色；
- **節奏同步層（Cognitive Tempo Layer）**：設計資訊輸出節奏，不使決策者超載，並依據其心理認知強度調節資訊推送頻率與深度。

這三層系統若能有效整合，即可在資訊優勢與資訊負擔之間建立穩定的節奏平衡，維持作戰主動性與判斷品質。

福煦曾說：「真正的指揮不是發出更多命令，而是建立能讓命令發揮作用的環境。」在資訊戰場上，這句話的核心正是：資訊不該追求全，而該追求「可用」與「可信」的資訊節奏結構。

資訊不是「越多越好」，而是「夠好、夠快、夠準」

資訊戰的兩大風險在於：一是被淹沒，一是被欺騙。當我們強調大數據與即時決策之際，也不能忽略：

第二章　從傳統偵查到大數據分析戰略

❖ 冗餘資訊將壓垮認知；
❖ 假資料將破壞模型；
❖ AI 將依據過去預測未來，而敵人卻可能不按牌理出牌。

因此，真正的資訊優勢，不在於資訊總量，而在於：能否在關鍵時刻擷取正確訊息，並能以正確方式做出對敵人意外、對自己可控的行動決策。

資訊戰不是比誰知道得多，而是比誰更早掌握真正有價值的認知主導力。

第三章

電子干擾與空域控制：看不見的火力

第三章　電子干擾與空域控制：看不見的火力

第一節　現代電子戰的主被動干擾戰術

「在現代戰爭中，不需摧毀敵軍，只要癱瘓其通訊系統，即可使其如盲如聾，坐以待斃。」

電子戰的重生：從邊陲戰術到主戰主角

電子戰（Electronic Warfare, EW）曾一度被視為傳統戰場的輔助作戰領域，僅用於干擾雷達或欺敵通訊，但進入 21 世紀以後，它迅速升級為決定整體戰場資訊節奏與空域掌控的關鍵領域。在今天的高科技戰爭中，電子戰不僅與火力匹敵，甚至成為火力成功與否的前提條件。

克勞塞維茲在《戰爭論》中指出：「戰爭的本質，是意志對意志的對抗，但這場對抗，必先穿越資訊與感知的霧靄。」而電子戰，正是這層霧靄的製造者與操控者。

現代電子戰不再只是發射干擾波或設置偽目標那麼簡單，而是結合感測器、AI、電磁頻譜、通訊協定與敵我辨識系統的綜合作戰網絡。它是看不見的火力，更是節奏的編碼器。

主動干擾：電子壓制的攻擊邏輯

主動干擾（Active Jamming）是電子戰的攻擊型操作，其目的在於主動釋放高能電磁波或有害訊號，干擾敵方系統的偵

第一節　現代電子戰的主被動干擾戰術

測、導航或通訊能力。

主要手段包括：

- **雷達干擾（Radar Jamming）**：透過頻率重疊或偽造回波，使敵方雷達失準；
- **通訊干擾（Communication Jamming）**：阻斷指揮鏈、使敵方單位陷入資訊孤島；
- **導航干擾（GNSS Jamming）**：對 GPS、GLONASS 等衛星系統發出干擾訊號，使敵方定位錯亂；
- **欺敵訊號（Spoofing）**：假裝成合法訊號來源，引導敵方武器或部隊做出錯誤反應。

美軍近年於波斯灣與印太地區持續進行多項聯合演習，重點之一即為驗證電子戰在無人系統作戰中的應用。在相關行動中，美方曾展示高頻干擾與主動電磁壓制技術，用以模擬癱瘓敵方無人機集群的導航與通訊系統，並誘導其偏離預定航線、進入預設攻擊區域，最終由地面火力加以擊毀。這類技術驗證，顯示電子戰已成為現代聯合作戰架構中的關鍵一環，也代表美軍對抗集群式無人威脅的具體作法之一。

這正是李德哈特所謂「間接壓制」的現代應用：不直接摧毀敵人，而是破壞其感知與反應鏈，讓其在混亂中敗北。

第三章　電子干擾與空域控制：看不見的火力

被動干擾：欺敵、偽裝與感知阻絕

與主動干擾相對，被動干擾（Passive Deception）不依賴電磁攻擊，而是透過誤導、偽裝與資料結構操控，引導敵人誤判目標與行動意圖。

這些技術包含：

- **熱源偽裝**：製造假熱影像，干擾紅外線導引系統；
- **電子誘餌（Decoy）**：釋出與真實裝備相似訊號，吸引敵方攻擊；
- **雷達散射器（Chaff）**：釋放金屬絲或複合物，干擾雷達成像；
- **電磁環境操控**：改變空域內回波結構，使敵人誤判地形或單位數量。

在敘利亞內戰初期，反抗軍面對政府軍絕對優勢的空中與雷達監控能力，曾採用包括金屬箔條與簡易氣球等低技術成本的手段進行被動干擾，模擬虛假目標，擾亂敵方雷達判斷。此類策略與二戰英軍鋁箔干擾術相似，其戰術核心在於：以極低代價製造幻影，引敵誤動。這正是被動干擾的樸實但有效展現，在資源不對稱的戰場中尤其具有價值。

這與孫子所說的「形人而我無形」戰略一致，電子戰中的被動欺敵手法，就是要讓敵人「看見他該看錯的，看不見他該知道的」。

第一節　現代電子戰的主被動干擾戰術

電子火力的心理效應與組織瓦解力

電子干擾不僅造成技術層面的障礙，更對士兵與指揮官產生深遠的心理衝擊：

- **失聯恐慌**：戰場上通訊中斷，極易引發誤判與部隊動搖；
- **誤信錯訊**：遭到欺敵訊號誘導時，容易信任錯誤座標或指令；
- **判斷癱瘓**：資訊混亂或感測資料矛盾時，指揮官往往進入「反覆驗證－無法行動」的循環；
- **節奏錯亂**：電子節奏的干擾會讓整個行動計畫失去原有節拍與時間軸，使戰術協同瓦解。

湯瑪斯・謝林在《衝突的策略》中指出，現代戰爭的勝負關鍵不在實際打擊，而在「預期破壞與節奏混亂」，而電子戰就是最有效的「節奏摧毀者」。

電子戰與聯域作戰的結合趨勢

在現代聯合作戰（Joint Operations）中，電子戰早已不再是空軍或網軍的專屬工具，而是跨域整合的核心組件。它影響：

- **空域控制**：干擾敵方防空雷達與飛彈導引；
- **海域優勢**：欺敵干擾使水面艦艇誤判潛艦位置；
- **陸上部署**：中斷敵方通聯，造成部隊孤立；

第三章　電子干擾與空域控制：看不見的火力

- ❖ **太空通訊**：阻斷衛星鏈路，切斷戰場情報流；
- ❖ **網路作戰**：同步進行通訊協議攻擊，癱瘓敵方資訊基礎建設。

這樣的跨域性，也意味著電子戰不再只是「事前支援」，而是整場戰爭的主動戰力，在「不開火」的情況下先行壓制敵人作戰節奏，真正實現李德哈特所言「不戰而屈人之兵」的戰略理想。

電子戰是資訊優勢的「第一擊」

電子戰的本質，不只是「讓敵人看不到你」，更是「讓敵人誤以為看見了什麼」，進而做出錯誤反應。它不靠摧毀取得勝利，而是靠干擾敵人作戰流程、剝奪其感知能力、錯亂其認知系統，讓對方在決策上自我瓦解。

未來戰場不再只談「誰開火比較快」，而是「誰先讓對手喪失開火的機會」。

第二節　電磁頻譜：21 世紀戰場的制空權

「戰場的真正控制權，從來不在可見之地，而在不被察覺之域。」

從空域到頻譜：制權概念的演進

20 世紀初，朱利奧・杜黑以《制空論》為基礎提出一個革命性的觀點：若一方能掌控空中主導權，便能對地面部隊予以絕對威脅與壓制。這一戰略理論，直接奠定了二戰以後空軍主導戰爭勝敗的地位。

而今日的軍事現實卻告訴我們：在空域之上，還存在一個更為關鍵的無形空間──電磁頻譜（Electromagnetic Spectrum）。

電磁頻譜涵蓋所有以波長與頻率傳播的能量形式，從無線電、雷達波、紅外線、微波、通訊訊號到導航資料。這些訊號是所有現代軍事感測器、通訊裝備、導引武器與指揮系統的「生命線」。換言之，誰掌控了頻譜，誰就掌握了作戰主動權。

電磁空間的軍事化：新型戰場的崛起

進入 21 世紀，各國軍方逐步將電磁頻譜視為繼陸海空天之外的第五維戰場。這種觀念不只是象徵，而是策略層級的系統性整合。以美國為例，國防部已將「頻譜主權」（Spectrum Sov-

第三章　電子干擾與空域控制：看不見的火力

ereignty）納入國安戰略。

在軍事行動中，頻譜的作用可歸納為四項：

- **感測依賴**：所有雷達系統、紅外線追蹤與光電感測，皆需在特定頻段操作；
- **通訊鏈接**：無論是地對地、空對地或衛星鏈路，均需仰賴穩定頻譜傳遞；
- **導航定位**：全球衛星定位系統（如 GPS、GLONASS）皆運作於特定頻率，任何干擾即可能導致武器偏移；
- **火力導引**：智慧飛彈與無人載具仰賴訊號追蹤與接收指令，頻譜一旦受限即無法準確命中。

換言之，現代戰場每一個角落都植入了頻譜依賴，頻譜即是看不見的補給線與神經網絡。當頻譜遭奪取，一整支軍隊將陷入「無眼、無耳、無腦」的戰術癱瘓狀態。

頻譜爭奪的攻防策略

在實戰層面，對頻譜的掌控包含三大層次：爭取、壓制、欺敵。

- **爭取（Acquisition）**：指我方確保在預設空域與作戰時間內，取得頻譜分配與使用主導權。這通常先透過電子偵察（ES）來掌握敵方發射源，再導入電子保護（EP）避免自身訊號外洩。

第二節　電磁頻譜：21世紀戰場的制空權

- **壓制 (Suppression)**：指針對敵方高頻指揮鏈與導航頻段進行干擾 (Jamming)、壓制 (Homing Interference) 或物理摧毀其發射器 (如地面雷達)。例如，美軍在敘利亞實驗性部署的 EC-130H Compass Call 飛機，即專職對敵通訊頻段進行短暫「熄火」。

- **欺敵 (Deception)**：最具戰略價值的手段，透過模擬偽訊號、假回波與頻率混淆，引導敵方錯判空域形勢。2021 年亞美尼亞戰爭中，亞塞拜然即透過電磁欺敵技術讓亞美尼亞防空系統誤判無人機方位，成功突破其雷達封鎖。

這些策略不再只是技術操作，更是一場「節奏掌控」與「資訊引導」的博弈。正如李德哈特在《戰略論》中指出：「戰爭不是破壞力量的較量，而是認知與時間的競爭。」頻譜戰的核心，即是掌握敵我認知落差的時間縫隙。

頻譜競爭的地緣政治擴張

在全球戰略層面，電磁頻譜的競爭不僅發生於戰場，更發生於外交與地緣技術戰中。例如：

- **中國**在「天鏈」、「北斗」等系統中部署特有頻段，意圖建構「中式頻譜領域」，使其武器與通訊系統能於國際干擾中保持自主性；

第三章　電子干擾與空域控制：看不見的火力

- **俄羅斯**則大量使用「Krasukha」與「Murmansk-BN」等地面系統，在東歐邊界對 NATO 基地進行常態頻譜壓制；
- **美國與 NATO** 近年則致力於「頻譜共享協議」與「聯域調度平臺」的建立，避免因盟軍間頻段衝突而自傷。

這些布局顯示出：頻譜已成為新一代戰略資源，與能源、礦產、海權同等重要。

正如克勞塞維茲所言：「戰爭的重心存在於對資源的控制與使用節奏上。」在資訊戰時代，頻譜正是控制資訊與行動節奏的資源中心。

頻譜戰的未來：動態自組網與 AI 頻率管理

隨著頻譜密度日益擁擠，各國紛紛研發更具智慧的「自組網絡」與「動態頻譜分配模型」。這些技術讓無人機、感測器與通訊系統可自動避開干擾源，進入新的可用頻段，保持作戰連續性。

AI 演算法更被導入進行「頻譜預測分析」，例如：

- 預判敵方雷達開機時間；
- 計算最可能受到壓制的頻率；
- 動態引導我方系統轉向「空白頻道」。

第二節　電磁頻譜：21 世紀戰場的制空權

2023 年，美國國防高等研究計劃署（DARPA）在其動態頻譜管理專案中，成功實現全自動頻譜切換技術，於模擬電磁干擾環境下，通訊穩定率維持在 95% 以上。

這意味著未來頻譜控制將進入一種「機器對機器」（M2M）時代，人類指揮者不再手動選擇頻段，而是由演算法在微秒內進行資源調度，打出「節奏優勢」。

制頻權即新制空權

從杜黑的「制空權」到今日的「制頻權」，戰場的主權不再止於物理空間，而延伸到認知控制、通訊調度、與節奏主導。電磁頻譜成為新型國防資產，其主導權直接關聯到：

❖ 誰能先看到敵人；
❖ 誰能準確指引武器；
❖ 誰能維持戰術溝通；
❖ 誰能破壞對方感知。

正如克勞塞維茲所警告的：「若戰場上失去瞄準與溝通能力，一切作戰力量即如無源之水。」

未來的戰場勝負，將決定於那片看不見、卻時刻充斥能量與意圖的空間 —— 頻譜領域。

第三章　電子干擾與空域控制：看不見的火力

第三節　GPS 與通訊干擾對戰術行動的影響

「戰爭的摩擦來自不確定性，而最大的不確定，就是你無法知道下一個命令能否被聽見、被理解、被執行。」

從地圖到衛星：軍事定位的依賴性變革

在傳統戰爭中，部隊依賴地圖、地標與視覺觀察決定行軍與部署方位；但進入 21 世紀後，全球定位系統（Global Positioning System, GPS）早已成為軍事運作中不可或缺的基礎架構。無論是部隊行進、火砲調整、空投物資、或導引飛彈，皆仰賴準確定位系統提供即時座標。

美軍的 M982 Excalibur 智慧砲彈、AGM-158 精準空對地導引飛彈，以及大多數無人載具的返航與巡航路徑規劃，全都建構在 GPS 導引之上。一旦 GPS 失準，將導致：

- 火力無法精準命中；
- 飛彈與無人機「迷航」；
- 地面部隊錯過會合或突擊時機；
- 誤殺平民或友軍風險上升。

第三節　GPS與通訊干擾對戰術行動的影響

這種依賴，也成為對手的攻擊目標。從俄羅斯、伊朗到北韓，都在發展具備「GNSS干擾」與「Spoofing」（假訊號欺敵）能力的電子戰裝備，意圖在無聲中破壞對手整體作戰節奏。

導航干擾的戰術後果：行動節奏的解構

一場精密規劃的軍事行動，往往仰賴多單位同時到達、同步動作，形成「時間上的包圍網」。然而，GPS干擾會直接打亂這一節奏。例如：

- 登陸部隊未能在指定海灘精準抵達，導致火力掩護錯位；
- 特種部隊誤判地形，反遭敵軍埋伏；
- 火砲預定射擊點與敵方實際位置錯位數百公尺，造成友軍損失。

2018年，北約在挪威舉行「三叉戟接點」（Trident Juncture）大型聯合軍演期間，挪威與芬蘭多次報告其GPS訊號遭到干擾。挪威國防部指出，干擾源自俄羅斯的科拉半島，影響了軍事與民航導航系統，導致部分航班被迫改道。此事件被視為和平時期對北約電子戰防禦能力的重大挑戰，突顯了現代戰場中導航與通訊系統的脆弱性。

克勞塞維茲在描述「摩擦」時提及：「有時並非敵人阻礙你，而是你自己的車輪陷進了泥沼。」在導航系統遭干擾的戰場上，這種「泥沼」不再是地形，而是電子空間的扭曲。

第三章　電子干擾與空域控制：看不見的火力

通訊干擾的系統性破壞力

導航系統影響的是方位與物理行動，而通訊干擾（Comm Jam）則影響的是整體指揮鏈、單位協同與即時決策輸出。一旦指令無法上達、情報無法下傳、狀況無法回報，整體作戰就如同斷線的人體——有力無法使、有敵無從應。

通訊干擾常見手段包括：

❖ **廣域白噪干擾**：對特定頻率大量輸出訊號，造成收發器混亂；

❖ **指向性雷射通訊癱瘓**：使用高頻微波打擊衛星或基地站；

❖ **通訊協定入侵**：模擬合法節點干擾封包路由，造成資料阻斷；

❖ **社群干擾（Social EW）**：混入開源通訊平臺進行假訊散播，混淆認知。

北約於 2022 年發布的報告指出，烏克蘭多次遭遇「雙重干擾」：即 GPS 受阻＋軍事專網遭到壓制，導致在短時間內失去戰術靈活性，被迫退回預備陣地以重建通訊鏈，失去了原先包圍俄軍的機會。

此情此景，完美印證了李德哈特在《戰略論》中的核心主張：「若敵人能控制你的行動節奏，即使你兵力占優，也將淪為被動反應者。」

第三節　GPS與通訊干擾對戰術行動的影響

干擾下的誤判與「自殺式部署」

更為致命的是，導航與通訊干擾常常誘導指揮錯誤，產生「戰術自殺」式部署——

- ❖ 飛彈系統朝錯誤座標射擊；
- ❖ 無人機誤撞友軍陣地；
- ❖ 緊急命令遭中斷，部隊原地等待，延誤反擊窗口；
- ❖ 誤以為敵人未出現而鬆懈警戒，實際敵人已就位。

這些結果雖未出現在「交戰火力」中，卻足以改變整場戰役走向，甚至使士氣瓦解。

心理學上稱之為「資訊缺損下的行動遲滯效應」：決策者在資訊不足但又必須行動的狀況下，傾向以「錯誤邏輯補全缺口」，導致誤判更難覺察。這是資訊戰最危險的型態——不讓你無法戰鬥，而是讓你自己錯誤作戰。

因應策略：抗干擾科技與戰術再設計

面對日益猖獗的導航與通訊干擾，各國軍隊紛紛投入下列反制方案：

- ❖ **多頻冗餘導航系統**：同時接收 GPS、GLONASS、北斗與伽利略訊號，減少單一系統依賴；

第三章　電子干擾與空域控制：看不見的火力

- **網狀網路（Mesh Networks）**：讓部隊之間可跳點傳輸，即便中樞癱瘓仍能維持低層通訊；
- **低軌道衛星備援計畫**：透過 Starlink、OneWeb 等平臺建立戰術通訊備援頻段；
- **AI 訊號分類分析**：由 AI 即時判斷干擾源特徵，自動切換通訊路徑與導引參數；
- **回歸戰術原則**：重新訓練士兵在斷訊狀況下執行固定命令流程（pre-briefed SOP），提升斷聯生存與執行力。

2023 年烏克蘭即證實已配備由 SpaceX 改良的「軍規 Starlink 裝置」，在俄軍進行高強度電子干擾期間，依然能透過加密協議維持大部分通訊與戰場資料同步，大幅減少誤判與指揮中斷。

導航與通訊不是支援，而是戰場的中樞神經

在現代戰爭中，導航與通訊早已不只是「方便的工具」，而是整場戰術節奏與指揮鏈的中樞神經。一旦這個神經系統癱瘓，再強的火力與再好的計畫都可能淪為紙上談兵。

克勞塞維茲所強調的「摩擦」，在這個維度下不再是戰場地形與天氣，而是資訊流的斷裂、節奏的錯位與感知的扭曲。電子干擾讓你不是「輸在武器」，而是敗在看不到自己在哪、聽不到該做什麼。

第四節　敵我辨識的電子衝突與防禦系統

「戰場上最危險的子彈，不是敵人發的，而是誤認下自己開的。」

敵我辨識的緣起：戰術誤殺的痛苦教訓

敵我辨識（IFF）系統的誕生，與戰場誤殺事件密不可分。在二戰與韓戰期間，數以千計的部隊與裝備因為錯誤辨識而遭自己人擊毀。這些悲劇促使軍方意識到，在高速作戰、跨軍種協同中，「知道你瞄準的是誰」比「先開火」更關鍵。

今日，IFF 系統通常結合以下三層結構：

- **主動回應式辨識（Transponder）**：裝備內建訊號回應模組，能被友軍雷達辨識；
- **密碼驗證（Crypto-ID）**：透過動態加密頻率辨識我方裝備；
- **視覺強化辨識（Visual Confirmation）**：紅外線、夜視影像配合友軍標誌進行終端確認。

在理想情況下，這些系統能大幅降低誤殺風險。但在電子干擾、高密度作戰與混合地形下，IFF 反而容易失效，甚至被敵方利用來「模仿我方裝備」、誤導雷達與火力單位。

第三章　電子干擾與空域控制：看不見的火力

IFF 在電子戰中的失效機制與操控風險

現代電子戰的進化讓 IFF 面臨三大挑戰：

- **干擾訊號遮蔽**：敵方針對 IFF 頻段進行高能量壓制，使回應訊號延遲或消失，導致雷達畫面「空白」；
- **假訊號模擬**：利用人工智慧與電磁模擬器，製造假 IFF 回應，使我軍誤認敵機為友軍；
- **通訊協定逆向破解**：透過演算法反推辨識協定，複製回應模式，將敵軍「變裝」成我軍。

這些手段的出現，讓 IFF 不再是一道穩固的辨識牆，而變成敵方電子欺敵的「進攻入口」。

2020 年，美國中央司令部在一項模擬演習中，測試無人偵察機於電子干擾環境下的辨識與通訊應對能力。演習中，系統模擬敵方運用類似我軍識別應答系統（IFF）格式的假訊號進行干擾，結果造成某架無人機傳送錯誤辨識資訊，進而觸發友軍攔截系統的誤判反應。事後技術團隊分析指出，該模擬事件突顯了「認知偽裝」在資訊戰場中的戰術風險，並反映出現行自動化系統在敵我辨識、抗干擾與通訊保密上的設計脆弱點。

誤殺的心理後果與戰場信任崩潰

誤認敵我帶來的不只是戰術錯誤，更造成士兵心理壓力與指揮系統信任瓦解。在軍事心理學中，這一現象有時被稱為「戰

第四節　敵我辨識的電子衝突與防禦系統

場信任破裂症候群」：

* 前線士兵因害怕誤殺而延遲開火，降低反應速度；
* 指揮官不敢下達強攻命令，擔心誤判導致政治後果；
* 多國聯軍間互信瓦解，導致各自為政、行動分裂。

　　克勞塞維茲在《戰爭論》中說：「信任，是組織意志能否有效貫徹的核心條件。」而在電子頻譜主導的戰場中，若 IFF 無法正常運作，即使指揮再精密、士兵再勇猛，也無法實現有效戰術行動。

　　這正是電子戰的「心理戰副作用」：它讓部隊不再相信自己看到的、不敢確認自己感知的，進而喪失作戰主動與節奏控制權。

應對對策：智慧辨識系統與戰場驗證分層

　　為應對電子環境下的 IFF 困境，各國陸續發展多重辨識系統與戰場驗證分層策略，包含：

* **多頻交錯辨識系統（Multi-Band IFF）**：允許系統在不同波段發送與接收辨識訊號，減少單一頻率被鎖死；
* **人工智慧模式辨識（AI-ID）**：由演算法判斷飛行軌跡、動作習慣與訊號時序，輔助決定敵我身分；
* **圖像辨識與目視校正並用**：透過空拍畫面、自動圖像比對系統進行最後確認（尤其用於無人作戰）；

- 三級判斷機制（3-Layer Confirmation）：將辨識權責由一線操作手→指揮官→AI 防誤殺系統三層交叉驗證，降低單點失誤風險。

2023 年，北約在波羅的海聯演中首次大規模導入 AI 輔助敵我辨識技術，能在高干擾條件下自動提升辨識準確率至 96% 以上。這套系統讓前線指揮可在 3 秒內接收敵我建議分類，並可回溯數據追蹤辨識依據，大幅減輕指揮官心理負擔。

敵我辨識不只是技術，更是信任的核心工程

在電子頻譜激烈交鋒的戰場上，敵我辨識早已超出技術命題，它是「資訊可信度」、「指揮體系穩定度」與「戰術信任強度」的集中反映。

若辨識系統崩潰，部隊將陷入「誰也不敢開火、誰也不願領責」的戰場窒息狀態。這正是李德哈特在《戰略論》中所強調的「策略節奏中斷」：當信任中斷，行動就會停頓；當判斷混亂，勝利機會即遠離。

資訊優勢的另一面是判斷風險，而敵我辨識系統便站在這條邊界上：它是作戰倫理與戰術效能的結合點。能否穩定它，將成為電子戰時代軍隊能否「自主作戰、準確殺敵」的最後一道防線。

第四章
漏洞、演算法與虛擬軍團：駭客就是士兵

第四章　漏洞、演算法與虛擬軍團：駭客就是士兵

第一節　軍用惡意程式的設計與部署模式

「真正的力量，不在於明火執仗，而在於能在無聲之中瓦解敵人最核心的運作系統。」

惡意程式的軍事轉化：從地下工具到國家武器

惡意程式（Malware）原本是地下駭客世界中用來竊取資訊、勒索金錢、測試系統漏洞的工具。但自 2010 年以來，惡意程式正式登上軍事舞臺，成為「數位戰爭」中可獨立運作、跨國界實施、具備物理破壞力的武器。

這種轉變的標誌性事件，是震驚全球的 Stuxnet 行動——一種專為破壞伊朗鈾濃縮設施所打造的惡意程式，其攻擊行為不只是癱瘓電腦，而是實際干預物理基礎設施的運作，成為全球首例由惡意軟體實現「無人軍事打擊」的案例。

克勞塞維茲在《戰爭論》中提出：「軍事手段的選擇，必須與政治目的一致，並於最小成本下實現最大效果。」惡意程式正具備這一戰略特徵：

- 高隱蔽性：行動難以追蹤、可遠端發動；
- 成本低廉：無須部署傳統部隊；
- 效果劇烈：可癱瘓關鍵設施、導致民用混亂；

第一節　軍用惡意程式的設計與部署模式

❖ 可否認性高：即使被發現，亦可歸咎於「非國家駭客」。

這讓惡意程式成為 21 世紀最「戰略靈活」、也最具「模糊性」的軍事武器。

Stuxnet 的戰略布局：數位導彈的原型

Stuxnet 是由美國與以色列合作設計，專門針對伊朗納坦茲核濃縮中心的西門子 S7 工業控制系統所開發的惡意程式。其設計特點包含：

❖ **多層漏洞串接（Zero-day Chain）**：同時利用四個從未公開的 Windows 漏洞，進入系統；

❖ **精準控制邏輯破壞**：非全面癱瘓，而是調整離心機轉速，使其逐漸失衡、最終報廢；

❖ **偽裝回報數據**：在中控室上顯示一切正常，誤導伊朗工程師；

❖ **自動延展性**：可透過隨身碟或區域網路擴散，但僅在特定設備上啟動攻擊模組。

這種攻擊不是單點摧毀，而是一種策略性的「滲透－潛伏－精準毀壞」過程，耗時長、風險低、破壞深。其戰略價值在於：

❖ 延後伊朗核發展時間；

❖ 減少直接軍事對抗風險；

第四章　漏洞、演算法與虛擬軍團：駭客就是士兵

- ❖ 避免國際政治代價；
- ❖ 驗證惡意程式在實體戰場的應用潛力。

這一事件讓惡意程式從資安問題轉為軍事戰略工具，並引發全球軍方與情報機構競相投入「數位攻擊性程式設計」的研發。

軍事惡意程式的三種部署模式

根據近十年各國惡意程式攻擊行動分析，軍事化的惡意程式大致可區分為以下三種部署模式：

- ❖ **潛伏型（Covert Malware）**：如 Stuxnet、Flame，進入系統後長期潛伏，等待觸發條件後啟動破壞機制；
- ❖ **毀滅型（Wiper Malware）**：如 Shamoon（攻擊沙烏地阿美石油公司）、NotPetya（攻擊烏克蘭政府系統），在進入系統後全面刪除資料與啟動系統損毀流程；
- ❖ **挾持型（Ransom-Style Warfare）**：如 WannaCry 背後疑似北韓支援的行動，以加密資料為名實施大規模勒索，同時癱瘓國內醫療、交通、金融機構。

上述三類程式背後，皆有明確的軍事或國家利益驅動，其部署策略已不再單純為網路騷擾，而是配合其他戰術行動進行同步實施的「數位火力壓制」。

第一節　軍用惡意程式的設計與部署模式

惡意程式的演算法演化：AI 與行為導向攻擊

近年來，軍事惡意程式設計已納入 AI 與行為分析模組，使其具備「自主學習」、「適應目標」、「規避偵測」等能力。以 2021 年揭露的惡意模組 Drovorub 為例，據信由俄羅斯軍方支持，具備：

- **反偵測行為分析**：會監控是否進入沙盒（sandbox）環境，並暫停活動以逃避病毒掃描；
- **命令與控制加密傳輸**：利用區塊鏈原理進行訊息傳遞，難以追蹤；
- **自我變異能力**：每次部署產生不同特徵組合，避免被資安平臺列入黑名單。

這使得惡意程式不再只是靜態工具，而是一種具有「戰場智慧」的主動攻擊單位，可視作「數位特種兵」。

如李德哈特所說：「戰爭的目的並非與敵正面衝突，而是在其系統中創造混亂。」AI 惡意程式即展現此一「間接破壞原則」，透過資訊結構扭曲達成實體作戰效果。

軍事惡意程式的戰略影響與國際規範空白

惡意程式的「武器化」引發三大戰略層面的挑戰：

- **行動可否認性提升**：即使被發現，也難以證明是否國家所為，為灰色戰爭提供戰略縫隙；

❖ **平時部署、戰時引爆**：程式可潛伏數年，戰時才啟動，創造「無預警打擊」；

❖ **模糊軍民界線**：惡意程式可攻擊民用設施（如醫院、水電系統），使戰爭倫理與國際法面臨模糊化挑戰。

目前，《海牙公約》與《日內瓦公約》均無法有效規範程式武器的戰時使用，導致「數位戰爭無法律」成為國際現實。

這也正是戰略學者湯瑪斯・謝林所說的：「當武器隱形、攻擊模糊，戰爭將更容易開始，也更難結束。」

從程式到武器，從駭客到士兵

軍事惡意程式的興起改變了我們對戰爭手段的理解。未來的軍事部署，將不只是飛彈與坦克的集結，更是零日漏洞的儲備、攻擊模組的預植與指令伺服器的暗藏。

這些「不開火的先發制人行動」，構成數位戰爭的先聲，也是傳統戰爭學理中所無法預見的新型態「戰前行動」。

正如克勞塞維茲所言：「戰爭與政治是連續體，戰爭只是政治以另一種手段延續。」而在當代，「惡意程式即是這種手段的最新形式」。

第二節　從駭客到戰士：虛擬軍團的新型態

「軍隊的形貌將變得模糊，而武力的實體將超越有形疆域。」

網路戰場的參戰者擴張：駭客不再只是旁觀者

傳統戰爭理論建立在國家壟斷暴力的前提之上，軍事行動的參與者限於正規軍隊與其延伸體系。然而進入 21 世紀後，這一戰場定義開始被駭客組織、匿名攻擊者與國家培育的網軍逐步瓦解。

克勞塞維茲在《戰爭論》中指出：「戰爭是國家意志的延伸」，但在網路時代，戰爭的執行者不一定穿軍服、不一定接受命令，也不一定忠於單一國家。他們可能是一位匿名程式員，也可能是來自社群平臺的一個號召訊息。

駭客從過去的技術破壞者，逐漸進化為具備軍事效能、能發動精準打擊、並具心理戰影響力的「虛擬戰士」。這場身分轉變，不只是職能的延伸，更是整個戰爭邊界的重構。

第四章　漏洞、演算法與虛擬軍團：駭客就是士兵

三類虛擬軍團：從暗網到國安體系

現代戰爭中的虛擬軍團大致可分為三種類型：

▋ 政府贊助的進階持續性攻擊組織（Advanced Persistent Threats, APT）

例如中國的 APT41、俄羅斯的 Sandworm、北韓的 Lazarus、美國的 Equation Group。這些駭客集團具備國家資金支持、明確任務編組、長期攻擊維運與精密滲透手段，屬於半編制軍力外掛，可在政治敏感時期進行否認性攻擊（deniable action）。

▋ 愛國網軍（Patriotic Hackers）

無正式編制但具強烈國族認同，在國家動員或重大危機時自發組成。例如 2022 年俄烏戰爭期間，俄方的「Killnet」與烏方的「IT Army of Ukraine」便是典型。這些組織常以臨戰即編、行動即散的方式快速形成攻擊波，主攻政府網站、銀行系統與關鍵基礎設施。

▋ 國際匿名駭客行動者（Hacktivists）

如 Anonymous、GhostSec、Cyber Partisans，這些組織不以國籍區分，而以「正義認同」與「理念驅動」參戰。其攻擊目標往往具有象徵性，像是入侵北韓官媒系統，或駭入伊朗道德警察監視設備，具有政治宣示與輿論引爆的雙重效果。

這三類駭客軍團構成當代戰場上「非正規武力」的重要拼

圖，也正回應了李德哈特在《戰略論》中所言：「戰爭的有效行動，不必然來自正規軍，而是來自能打亂敵人平衡的任何力量。」

虛擬軍團的行動特徵與軍事效果

虛擬軍團在戰場上的行動特徵與效應可歸納如下：

- **非同步部署**：與傳統兵力需同步集結不同，虛擬軍團可於數小時內全球動員，並可針對不同行動目標各自展開攻擊，呈現「蜂群作戰」模式；
- **去中心化指揮**：多數虛擬軍團無明確指揮結構，但透過 Telegram、IRC 或暗網論壇散布行動策略與工具模組，形成一種「策略共識—戰術分散」的作戰形態；
- **心理操作效果強烈**：例如 Killnet 在攻擊義大利政府網站後，即發布影片挑釁，並創造社群話題，導致輿論壓力與政治焦慮同步升高；
- **與正規軍協同成長**：例如美國國安局（NSA）與駭客群體之間存在技術交流與任務外包，實現「數位傭兵」制度，使軍方得以維持情報活動的策略模糊性。

這些行動不僅造成實體損害（如資料洩漏、系統癱瘓），更具有認知破壞性，讓敵國政府出現「誰是敵人」的判斷混淆，並在民眾心中植入「無所不在的威脅感」，有效實現謝林所言的「不對稱震懾」。

第四章　漏洞、演算法與虛擬軍團：駭客就是士兵

心理戰的角色再定義：駭客如何成為「戰術傳教士」

虛擬軍團的另一重要功能是「傳播戰略價值觀」與「操作敵方群體心理」。他們不只是破壞者，也是戰場上的心理操盤者：

- **釋放洩密資訊**（如 WikiLeaks）、**暴露政府腐敗資料**，目標在於製造內部不信任；
- **駭入官方平臺置換訊息**，如 Anonymous 曾將多國國防部網站首頁改為反戰標語，試圖影響士兵與民眾情緒；
- **製造**「**敵我模糊性**」，在敵人社會內部引發分裂與爭議。

克勞塞維茲提到：「戰爭的一部分，是迫使敵人失去信念。」駭客軍團正扮演這種「奪取信念的間接攻擊角色」。

這也使得虛擬軍團在未來戰爭中，不再只是「技術單位」，而是結合心戰、資戰、認知作戰的新型混成部隊。

法理與倫理挑戰：虛擬軍團是否屬戰爭行為主體？

國際法對虛擬軍團的定義模糊。根據《日內瓦公約》，正規參戰者需具：

- 明確軍服或標誌
- 指揮結構

第二節　從駭客到戰士：虛擬軍團的新型態

- ❖ 公開攜帶武器
- ❖ 遵守戰爭法規

而虛擬軍團多數不具備這些條件，導致其戰爭行為處於「戰爭與犯罪之間的灰色地帶」。這產生兩大後果：

- ❖ **行動難以追責**：若虛擬軍團癱瘓醫療設施，難以究責；
- ❖ **報復界線模糊**：若某國政府網站遭攻擊，是否可視為戰爭挑釁而發動反擊？

2022 年烏俄衝突期間，俄方宣稱對 Anonymous 的攻擊將視為「國家行動」，一度引發國際法律討論──駭客是否為戰爭代理人（proxy combatant）？其所代表的國家是否需承擔戰爭責任？

這些問題顯示出：虛擬軍團的出現，正在迫使全球重新定義「誰能發動戰爭」、「誰能成為士兵」、「什麼是合法武力」。

駭客成為新時代的戰場變數

從自由駭客到國家網軍，從匿名行動到戰略協同，虛擬軍團已無可迴避地成為現代戰爭的一支「非對稱精兵」。他們打破了正規與非正規的界線，也重塑了戰爭發動的社會心理機制。

正如《戰略論》所言：「真正的戰略優勢，在於創造不對等的破壞力，讓敵人無法用熟悉的方法回應。」虛擬軍團正是這種優勢的具體展現。

第四章　漏洞、演算法與虛擬軍團：駭客就是士兵

第三節　關鍵基礎設施的攻防模擬演練

「摧毀敵軍的戰力，不如瓦解其社會的基礎運作，那才是奪取意志的真正戰爭。」

從前線到內線：基礎設施成為第一目標

在傳統戰爭中，目標是軍事基地、火力單位或指揮中心；而在資訊戰中，真正的第一擊對象，卻往往是民用基礎設施。原因很簡單：癱瘓國家的內部秩序，就能拖垮其軍事反應能力與社會支持力量。

根據北約戰略司令部 2023 年報告，關鍵基礎設施（Critical Infrastructure, CI）包括：

- ❖ 電力系統（發電廠、變電站、輸電網）
- ❖ 自來水與汙水處理系統
- ❖ 醫療急救與醫院通訊網
- ❖ 城市交通控制系統（鐵路、捷運、機場）
- ❖ 金融與支付平臺
- ❖ 政府行政與選務系統
- ❖ 大眾媒體與行動網路中繼站

第三節　關鍵基礎設施的攻防模擬演練

這些系統一旦失效，將造成城市癱瘓、民眾恐慌、指揮鏈失序、輿論易位，進而間接削弱國防效能與外交立場。這正是克勞塞維茲所說的「重心打擊」：打的不是敵人的肌肉，而是其能動員的神經系統。

紅藍模擬戰：從演習中驗證脆弱性

為了防範這類「電子珍珠港」，多國已經把攻防模擬演練（Red Team / Blue Team Exercise）制度化，讓資安人員與軍事部隊透過模擬攻擊找出漏洞、優化防禦。

演練基本結構如下：

- **Red Team（攻擊方）**：由熟悉滲透測試與社交工程的駭客組成，模擬敵國或非國家行動者攻擊行為；
- **Blue Team（防禦方）**：由資安單位、軍方通資部與民間網安顧問組成，負責監控、偵測與反制攻擊；
- **White Cell（裁判與記錄）**：設定情境、記錄行動過程、整理評估報告。

實戰演練常以下列情境開局：

- 社交工程成功取得水公司員工帳號，進入SCADA控制系統；
- 敵方駭客團體對城市輸電網實施勒索病毒攻擊，要求5小時內支付贖金；

第四章　漏洞、演算法與虛擬軍團：駭客就是士兵

- 醫療系統雲端平臺突遭 DDoS 癱瘓，急診室回報通訊中斷；
- 機場航管系統遭入侵，自動導航資料錯亂，大量航班停飛。

這類模擬通常不限於單點測試，而是設計成「鏈式癱瘓」劇本，驗證各部門能否跨系統協同應變。

在美國國土安全部（DHS）主導的「Cyber Storm」系列演習中，特別是 Cyber Storm VIII（2022 年），模擬了對多個關鍵基礎設施部門的協調網路攻擊，涵蓋工業控制系統（ICS）／操作技術（OT）和企業 IT 網路。演習強調了資訊共享和溝通的重要性，並首次在演習中開發和發布了聯合網路安全建議（CSA）。

破口從哪裡來？基礎設施的常見脆弱點

儘管各國資安投入日漸增加，但基礎設施仍有以下普遍弱點：

- **老舊系統未更新**：許多水電、交通控制系統仍使用 Windows 7 或更早版本，安全修補難以即時完成；
- **營運科技（OT）與資訊科技（IT）斷裂**：現場設備與資訊系統無整合監控，成為攻擊突破點；
- **承包商管理鬆散**：如第三方工程師帳密外洩、外包商硬碟遭竊等；
- **無多重驗證機制**：常用單一密碼登入高權限控制臺，未建置行為偵測機制；

第三節　關鍵基礎設施的攻防模擬演練

- **操作人員安全訓練不足**：員工對釣魚郵件與假冒通知無防備意識，社交工程成效高。

根據 2022 年歐盟資安報告，基礎設施中 87% 的滲透攻擊成功是透過「低技術難度的釣魚手法」進入，而非零日漏洞利用，這說明防禦最大問題不在技術，而在人與制度的鬆動。

防禦策略：從分層到分權的韌性建構

針對這類多點潛在攻擊，現代防禦架構朝向分層多重防線（Defense-in-Depth）與行為感知動態防禦發展。其重點包括：

- **細部區隔（Micro-segmentation）**：將內部網路切割為多個區塊，每一區均需獨立認證與流量審查；
- **零信任架構（Zero Trust Architecture）**：假設內部也可能遭滲透，因此每次操作均需驗證其必要性與風險；
- **AI 行為分析**：監控系統操作模式，一旦出現異常（如非工作時間大量查詢指令、帳號登入異地）即自動觸發隔離機制；
- **供應鏈透明稽核**：追蹤每一段資通設備的出處與安裝流程，防堵隱藏式後門；
- **資訊共享平臺**：民間與軍警、政府部門共享即時攻擊預警與防禦經驗，降低橫向滲透的時效性。

烏克蘭即於 2022 年正式整合「Cyber Shield」計畫，將國防部、資通部與電力、醫療、通訊業者組成常設聯絡小組，建立

民間國防聯網架構。其概念即為：「每一臺伺服器，皆可能成為前線」。

心理演練的重要性：面對錯亂的戰場節奏

最後，不可忽視的是操作者心理素養的演練與重建。克勞塞維茲在《戰爭論》中提醒：「失序時的第一反應，往往決定後續戰場能否恢復節奏。」

在資訊戰中，前線不是戰壕，而是控制室。當畫面突變、指令失效、同事登出、輿情爆炸，真正考驗的，是操作者的心理判斷與集體協作能力。

許多國家開始引入「心理防線演練」，模擬以下情境：

- 誤判敵攻導致自毀；
- 被勒索軟體封鎖，團隊陷入責任互推；
- 社群傳出假資訊，員工親友陷入恐慌影響決策。

這些演練讓操作者在虛擬打擊中建立「平行感知」能力——在資訊混亂中保持冷靜，依 SOP 執行關鍵防禦任務，成為資訊時代的「沉著砲兵」。

城市基礎設施即是資訊戰的前線

在資訊戰架構下，基礎設施不再只是「民用後勤」，而是戰略攻擊的主目標、心理戰的擴音器、社會秩序的承載平臺。攻

下這些系統，就等於打穿敵國的生活根本與反擊能力。

正如《戰爭論》所言：「真正的重心不在部隊陣列，而在敵人能否維持其體系運作的核心。」

而資訊戰的目標，正是用看不見的電流與漏洞，把這個核心慢慢掏空。

第四節　網路滲透與「零日戰略」的戰場實施

「最致命的武器，是在敵人還沒知道你擁有它之前，就已潛伏在他們的心臟裡。」

零日漏洞是什麼？軍事級數位破口的定義

「零日漏洞」（Zero-Day Vulnerability）是指尚未被軟體開發商發現或修補的安全漏洞。所謂「零日」，意指當漏洞曝光時，開發者有「零天」的時間可以進行修補，換言之，這是一段攻擊者完全掌控、受害者毫無防備的空窗期。

若這類漏洞被技術團隊製成「攻擊模組」，就成為零日利用工具（Zero-Day Exploit），是一種高度隱匿且難以防範的滲透手段。其軍事意涵相當於「在對手不設防處預植炸彈」，當戰爭爆發時即刻引爆。

第四章　漏洞、演算法與虛擬軍團：駭客就是士兵

根據《美國網路司令部手冊》，零日攻擊具備以下特性：

- 極難偵測與防範；
- 可針對特定系統客製化攻擊指令；
- 具高持久性，可潛伏數年；
- 一旦被發現即失效，故常作為戰時第一擊之用；
- 可進行物理破壞（如控制閥門、斷電、癱瘓導航）或資料竊取與操控。

簡言之，零日漏洞是國家級駭客所使用的「精準導引飛彈」，不是為日常攻擊而生，而是為戰爭準備的第一發電子炮。

零日戰略：從滲透到啟動的三階段模式

零日攻擊並非即興而為，其背後是一場漫長、隱蔽且高度工程化的行動計畫。可分為三大階段：

■ 滲透期（Preparation Phase）

透過社交工程、供應鏈攻擊或內部滲透取得進入目標系統的管道。此階段重點是「不觸發防禦機制」，以便部署攻擊模組。

例：SolarWinds 事件中，駭客透過其更新伺服器下放後門模組，使美國財政部、國土安全部等機構不知不覺中成為中繼站。

■ 潛伏期（Dormant Phase）

攻擊模組在系統內潛伏不動，偵測環境、收集目標資訊、

建立回傳通道。這一階段可能長達數月至數年，是為戰時「一擊必中」準備。

例：Equation Group 開發的 Regin 模組曾在全球超過十國政府系統中潛伏 5 年以上，直到曝光才被確認其存在。

▰ 啟動期（Execution Phase）

當政治或軍事時機成熟，即可下達指令啟動攻擊，包括資料毀損、指令操控、系統癱瘓或錯誤數據輸出等。

例：Stuxnet 程式在潛伏期間未被發現，僅在進入伊朗核電設施的西門子控制系統後才展開破壞行動，讓離心機超速自毀。

此種「先滲透、後引爆」的架構正是軍事戰略學上所稱的「預置性打擊」，與傳統「火力投射」不同，其邏輯是先奪時機、再毀其勢能。

國家級漏洞儲備政策：武器庫不再只有軍火

世界主要強國皆已將「零日漏洞」視為戰略資產，並建立漏洞儲備制度。例如：

❖ 美國國安局（NSA）與網路司令部（CyberCom）負責建立漏洞資料庫，並與軍火承包商合作研發零日工具；

❖ **中國的國家計算機網絡與信息安全管理中心**則主導漏洞徵集與回購制度，據信曾從境內資安團隊高價購買瀏覽器與手機後門技術；

085

第四章　漏洞、演算法與虛擬軍團：駭客就是士兵

- **俄羅斯的 FSB 與軍方駭客部隊**長年透過暗網交易取得漏洞資源，並與私人駭客組織建立「戰略合作」關係；
- **以色列的 NSO 集團**開發的 Pegasus 軟體即內建多個手機系統零日漏洞，可在不需點擊的情況下滲透控制手機，被多國政府購買使用。

這些漏洞不是為防守而儲備，而是作為「可發動型武力」儲存於作戰計畫中，成為資訊時代的「核武級籌碼」。

美國情報界稱之為「數位先發制人」，其核心在於：若可確定於敵發動攻擊前摧毀其指揮通訊與電力系統，即使未開火亦可壓制敵行動能力。

軍事結合：從獨立行動到戰略協同

零日漏洞攻擊雖由資安團隊實施，但實際上已納入軍事作戰框架中。例如：

- 進攻性網路行動（Offensive Cyber Operations, OCO）由美軍與 CIA 合作執行，確保「打擊計畫」與「攻擊武器」同步；
- 聯合全域指揮與控制管制（JADC2）整合各軍種系統，即使某一系統癱瘓，也能在「冗餘網」中維持命令傳輸；
- 數位先遣部隊負責於潛在衝突地區部署後門模組，待命於爆發前夕下達啟動命令。

第四節　網路滲透與「零日戰略」的戰場實施

這些設計讓零日戰略成為如同《戰略論》中「側翼滲透」（Flanking Through Weakness）的一種新型展現：不從正面交戰，而從結構縫隙滲透，待敵反應不及時奪其根本。

心理戰層次：讓對手無法安心操作系統

零日戰略的威懾力並非僅在於其毀壞力，而在於其隱蔽性與不確定性所帶來的心理壓力。

當一國政府無法確認自己是否已被植入後門，是否能夠信任自身通訊系統，是否已遭對手「看穿一切」，其決策就會顯得猶疑、被動、防衛性加重。

這正是湯瑪斯·謝林在《衝突的策略》中提出的「可怕的可能性」原則：不是發生本身，而是「可能會發生」的恐懼感，才是戰略的真正震懾力。

同樣，《戰爭論》中也強調：「戰場上最可怕的，不是眼前敵人，而是你無法確定的敵人意圖。」

零日戰略的核心效應正是「讓敵人懷疑自己的每一條指令是否已被監控、每一份資料是否已被竄改」。

零日攻擊是資訊時代的冷啟動武器

「零日戰略」不再只是資安術語，而是 21 世紀戰爭武庫中最具殺傷力與戰略彈性的工具之一。它改寫了「戰爭何時開始」的

定義,也模糊了「戰爭是否已經打響」的界線。

未來的戰爭不見得以飛彈揭開序幕,而是以一行看不見的程式碼、一個藏在伺服器深處的漏洞、一次無聲的登入開始。

這些潛伏於敵人系統中的數位武器,正是資訊時代的「冷啟動武力」——可無預警引爆、難以追責、心理震懾力極高,並為後續實體行動鋪平勝利節奏。

第五章
電子欺敵與資訊假象：
誘敵深入的新戰法

第五章　電子欺敵與資訊假象：誘敵深入的新戰法

第一節　偽造戰場訊號與假目標操作手法

「在戰爭中，真實從來不是關鍵，敵人所相信的，才決定勝負。」

從煙霧彈到電磁幽靈：欺敵手法的現代進化

欺敵戰術自古有之。從孫子兵法的「故示之以利」到克勞塞維茲對「迷惑敵人意圖」的重視，欺敵從來都是戰場上的主動策略工具。然而在資訊化與數位化的今日，欺敵不再只是聲東擊西與虛假部署，更進一步轉向電子頻譜、虛擬訊號與感知操控的科技作戰領域。

現代戰場上的欺敵技術，主要從以下幾個方向展開：

- ❖ **假雷達回波（False Radar Echoes）**：透過干擾器製造虛假的飛彈、戰機或地面車輛雷達訊號，使敵方雷達判斷出錯；
- ❖ **虛擬部隊廣播（Decoy Radio Traffic）**：模擬特定部隊的通訊活動，誘導敵方情報部門誤判行動區域；
- ❖ **光學與熱影像假目標（Thermal & Visual Decoys）**：布置假飛彈發射器、戰車模型，配備加熱模組產生紅外線特徵；
- ❖ **衛星定位偽造（GNSS Spoofing）**：輸出假 GPS 數據，使敵方導航或導引系統進入錯誤位置；

第一節　偽造戰場訊號與假目標操作手法

- **虛構社群事件（Cyber Lure）**：在社群平臺散布虛假攻擊計畫或假新聞，引導敵方錯誤部署與輿情反彈。

這些技術所構成的欺敵體系，讓現代戰場成為「實體與虛構重疊」、「電子與心理交織」的雙重空間，而軍事指揮官最需要判斷的，往往不是敵人在哪裡，而是「我眼中所見，是不是陷阱？」

雷達與電磁頻譜中的假象操作技術

在電子戰中，雷達系統可說是最常遭欺騙的「戰場眼睛」。欺敵單位常透過電子攻擊模組輸出特定頻率的假訊號，模擬敵軍空中或地面單位的存在。常見手法包括：

- **DRFM（Digital Radio Frequency Memory）欺敵技術**：捕捉敵方雷達訊號後即時複製、修改，再回傳給其系統，讓敵人誤判目標數量與距離；
- **主動干擾與回波延遲**：讓敵雷達接收超量資料，造成目標重影，或設定時間延遲，導致目標顯示錯誤位置；
- **假導引雷達發射源**：以便攜裝置模擬飛彈或砲兵的雷達鎖定訊號，讓敵人啟動誤時反制。

俄羅斯部署於敘利亞的 Krasukha-4 電子戰系統，具備對低軌道衛星、地面雷達與空中預警系統進行電磁干擾的能力。據公開資料顯示，該系統曾多次被用於干擾來自美軍及盟軍的無

第五章　電子欺敵與資訊假象：誘敵深入的新戰法

人機與空中偵察平臺，有效降低其偵測與通訊能力。相關報告指出，Krasukha-4 的部署已對聯軍行動規劃產生壓力，成為近年電子對抗中「非接觸式壓制」策略的代表案例之一。

這些技術將克勞塞維茲所謂「敵我誤解」變成一種「有系統的戰術資產」——不是阻擋敵人的眼睛，而是製造錯誤畫面給敵人的眼睛。

地面假目標：以色列與俄烏戰場的實作範例

以色列國防軍（IDF）在多次與哈瑪斯的對抗中，善用地面假目標創造「錯誤認知空間」。2021 年 5 月，加薩戰爭中以色列公開發布一則「地面部隊已進入加薩」的新聞，哈瑪斯遂進入地下隧道準備伏擊，結果以色列同步啟動空軍針對隧道轟炸，重創哈瑪斯核心指揮系統。

該行動被西方軍事學者稱為「資訊欺敵混成戰」，不僅結合傳統媒體戰，更展現電子偵蒐與實體火力的融合。

此外，俄烏戰場上烏克蘭軍隊也曾於 2022 年在札波羅熱戰線上部署大量假 M777 榴彈砲模型，成功誘導俄軍發射高價值巡弋飛彈，消耗其彈藥庫存並使其誤判我方火力配置。

這些假目標不再是單純「欺騙視覺」，而是結合訊號模擬、熱能輸出、視覺還原與社群配合宣傳的多層操作體系，對敵方造成跨領域誤判。

第一節　偽造戰場訊號與假目標操作手法

心理戰輔助的資訊假象建構流程

欺敵不僅是技術工程，更是心理認知的演算行為。資訊戰理論家指出，有效的假目標需滿足三項心理條件：

- **可信性（Credibility）**：假訊號須與敵方既有認知符合，不能過度誇張；
- **一致性（Consistency）**：多個資料來源須同步呈現假訊息，避免被交叉驗證排除；
- **時間壓迫（Time Constraint）**：敵人須在短時間內做出反應，無法充分查證。

在這樣的邏輯下，軍方常採取以下欺敵流程：

釋出假衛星圖像→配合假通訊節點→散布「被拍攝到」的假圖文→引導敵方偵查反應→捕捉其部署改變→啟動打擊。

這種作法不只打擊敵人軍力，更針對其「判斷模型」進行破壞，使其日後對所有情資產生懷疑，形成決策拖延與主動性喪失。

道德與反制：真假之間的戰爭倫理

儘管欺敵為戰術所允，但其道德邊界一直是國際法爭論的焦點。根據《日內瓦公約》，不得利用紅十字標誌與假冒非戰鬥人員為欺敵手段，但對於電子欺敵、通訊假象與戰術性假新聞

第五章　電子欺敵與資訊假象：誘敵深入的新戰法

則無明文限制。

這導致戰場上的「真」與「假」不再以邏輯辨認，而是成為由交戰者控制的敘事空間。這一模糊化也讓反制行動困難重重，必須仰賴：

- ❖ 高密度多源監控交叉驗證；
- ❖ AI 模型辨識訊號異常模式；
- ❖ 強化士兵對假訊息的心理免疫力；
- ❖ 重構「不確定性下的行動原則」，即便資訊有誤亦能保持反應韌性。

這些都是新一代軍事指揮所需面對的「資訊彈性作戰能力」。

虛構戰場的真實效力

資訊戰場上最真實的武器，不是炸彈，而是讓敵人相信錯誤的東西。欺敵策略的核心並非騙術本身，而是對「敵人認知機制」的深度操縱。正如《戰爭論》所言：「勝利來自於讓敵人放棄正確的行動選擇。」

在電子欺敵體系日益成熟的今天，未來的戰爭將是一場「比誰更懂敵人會信什麼」的智慧對抗，而非單靠火力就能取勝的戰鬥。

第二節　資訊戰中的欺敵心理模型

「最危險的錯誤，往往不是不知道真相，而是以為自己已經知道。」

認知誤導：戰爭的「看不見的武器」

欺敵不是單純的技術騙術，它的真正力量來自於操控敵人的認知結構。資訊戰之所以能成功誤導對手，是因為它深入影響了敵人的「資訊處理模式」，讓錯誤的訊息不僅被接受，甚至被「過度信任」。

這種現象的根源，在心理學中有清楚的解釋。認知心理學指出，人類在資訊處理中，常見以下幾種偏誤：

- **確認偏誤（Confirmation Bias）**：人們傾向接受與既有信念一致的訊息，忽略矛盾資訊；
- **可得性捷思（Availability Heuristic）**：資訊越容易取得，就被認為越重要；
- **過度自信效應（Overconfidence Effect）**：軍事指揮官尤其容易高估自身判斷準確性；
- **認知負荷限制（Cognitive Load Limit）**：在壓力大、時間急迫情境下，人類只能處理有限的訊息來源，容易被「設計過的情境」牽引。

第五章　電子欺敵與資訊假象：誘敵深入的新戰法

因此，一場有效的欺敵行動，往往不是靠「完美的假訊息」，而是透過設計出上述心理偏誤的「觸發條件」，讓對手自己誤入歧途。

克勞塞維茲與決策扭曲：以意志為中心的陷阱

在《戰爭論》中，克勞塞維茲強調「戰爭是意志對抗意志的活動」，欺敵的精髓在於：讓對方誤判我方的意志與能力，從而改變其行動選項。

他進一步指出：「軍事行動的價值，不在於破壞，而在於影響敵人的心理節奏。」這正是心理欺敵的關鍵邏輯。

舉例來說，若敵軍指揮官原本計劃進攻，但被誤導認為我方兵力充足，則可能改變戰術為撤退或延緩。這種改變來自於「對敵方戰力評估的心理假設」，而非實際情資。

現代心理戰因此聚焦於四大目標：

- 讓敵人懷疑自身情報系統；
- 讓敵人錯估我方意圖；
- 讓敵人高估風險，進而猶豫不決；
- 讓敵人陷入資訊矛盾，產生決策疲乏。

這些結果的本質是「干預其認知架構」，從而主導其行為模式。

第二節　資訊戰中的欺敵心理模型

欺敵心理模型的三層結構

綜合軍事心理學與行為科學，現代資訊戰中的欺敵行為大多建構於以下三層心理架構之上：

第一層：感知誘導（Perceptual Manipulation）

這是最基礎的假象建構，例如雷達欺騙、熱影像假車、假戰鬥機聲音等。它針對感官系統直接輸入錯誤訊號，讓敵人「看到假象」。

然而，這一層的效果通常短暫，容易被查核與打破。因此，欺敵若要深化，需進入第二層。

第二層：認知重組（Cognitive Reframing）

此階段的欺敵行為會利用假新聞、社群資訊、衛星照片與假報導組合，創造一個「可信的情境模型」。

例如：美國在伊拉克戰爭期間曾針對海珊政權進行一系列「假投誠軍官」故事植入與衛星照片模糊處理，讓伊軍高層誤以為內部出現叛變，導致進攻指令延後。

認知重組的特點是：「即使對方後來知道某一部分是假的，也無法立即重建真實情境」。

第三層：信念操控（Belief Manipulation）

這是最深層的欺敵方式，並非一次行動完成，而是長期建構一種對我方意圖與行動模式的預測習慣，使敵人對我方行為產生固定聯想。

第五章　電子欺敵與資訊假象：誘敵深入的新戰法

例如：以色列 IDF 多年來在邊境演習都維持特定模式，直到 2021 年突然透過假新聞誘導敵人以為「又是演習」，卻在同一時刻啟動實戰攻擊，成功利用敵方對我軍「不會主動進攻」的既定信念。

這一層的關鍵在於：讓敵人對錯誤的「整體敘事」產生信任，而非單一假訊息。

實戰應用：欺敵心理設計的模擬與演練

美軍與以色列情報部門已將欺敵心理模型編入演訓流程，透過：

- 敵方行為預測模組：模擬敵軍指揮官的資訊接受與判斷流程，反推其可能行為；
- 交叉情資對抗實驗室：進行假情報植入後，觀察敵方推論變化；
- **AI 引導的錯誤信念生成工具**：訓練 AI 推演敵人會如何詮釋某一段假情資，進行最佳「心理打擊路徑規劃」。

這些系統的目的不是製造完美假訊息，而是製造一整套會讓對手自己錯判的敘事結構，這與心理學中的「錯誤信念強化理論」一致：

人一旦開始相信某事，會自動排除相反證據，並積極強化自己的信念。

在戰爭中，這不僅是資訊操控，更是一種信念戰爭，直接決定對方是否還有「理性指揮能力」。

資訊戰的核心不是資料，而是信念

在資訊泛濫的時代，戰場上最珍貴的資源不是機密資料，而是敵方指揮官的注意力與信念空間。誰能操控這些，誰就能控制戰局。

如克勞塞維茲所說：「勝利不僅來自於我軍的行動，更來自於敵軍錯誤的反應。」

而資訊戰中最致命的勝利，是讓敵人心甘情願走進你為他設計的判斷陷阱 —— 並堅信那是自己的選擇。

第三節　多源交錯訊息的戰場干擾效應

「如果你能讓敵人懷疑一切，他就會懷疑他自己。」

資訊洪流的戰場副作用：當訊息多於真相

在數位戰爭時代，戰場上最明顯的改變，不是槍砲更大、飛彈更快，而是訊息變多了 —— 多到讓人無法判斷哪一個才是真正的威脅。

第五章　電子欺敵與資訊假象：誘敵深入的新戰法

現代軍事指揮官面對的不是「是否有敵軍出現」，而是：「有三個來源告訴我三種不同的敵軍方位，我該信哪一個？」

這正是「多源交錯訊息干擾」的心理戰應用場景——不是要你相信假訊息，而是讓你無法相信任何訊息。

克勞塞維茲在《戰爭論》中就曾警示：「情報永遠不會齊全，戰場上充滿錯誤、矛盾、與虛假。」

但當訊息來源變成成千上萬筆推文、影片、AI 生成圖像與匿名電報頻道時，錯誤資訊不再只是誤判的風險，而是被設計出來的戰術環境。

OSINT、假新聞與假社群的混合戰術

公開來源情報（Open-Source Intelligence, OSINT）原本是資訊民主化的象徵，但在戰場上卻迅速成為一把雙面刃。

以下是多源訊息戰術的三種關鍵要素：

1. OSINT 反轉：真訊息當武器用

現代許多軍事行動一經發生，Twitter（現為 X）、Telegram、YouTube 便立刻出現現場影片、軍用車輛拍攝、地點定位等。這些過去由政府壟斷的戰場資訊，如今人人都能生產、擁有與傳播。

然而，這樣的情報流亦能反轉使用：

- 假冒烏克蘭士兵帳號上傳「被迫撤退」影片；

第三節　多源交錯訊息的戰場干擾效應

- ❖ 操作俄國平民帳號散播「新兵遭棄置」流言；
- ❖ 釋放部分真實影片，引導群眾過度解讀成全面潰敗。

這些真資料被拆解後重新拼裝，形成一種「半真半假」的敘事結構，使敵人產生資訊過度→心理負荷→判斷癱瘓的效應。

2. 社群假訊息：迷霧製造機

戰爭中社群平臺（尤其是 Telegram 與 TikTok）被證明比傳統媒體更快影響民意與軍心。操作手法包括：

- ❖ 偽裝平民帳號上傳軍事車隊誤導行進路線；
- ❖ 散布假新聞如「某總指揮被狙殺」以瓦解士氣；
- ❖ 利用 Hashtag 串聯假資訊流，製造演算法強推效應。

據多個資安觀察團體指出，在 2023 年蘇丹政變期間，社群平臺上出現大量假訊息帳號，短時間內造成輿論極大混亂，成功引導部分新聞媒體報導錯誤內容，使外部援軍延遲出發。

這種戰術的關鍵並非「騙所有人」，而是讓足夠多的參與者因為「不確定」而暫停行動，進而拖慢整體決策節奏。

3. 假衛星圖與 AI 合成影像

隨著 AI 圖像生成技術進步，戰場假資料更上一層樓。過去須靠間諜衛星才能獲得的戰區圖像，如今可以：

- ❖ 用 GAN（生成對抗網路）製造假爆炸場景；
- ❖ 針對特定目標區生成類似熱感畫面；

第五章　電子欺敵與資訊假象：誘敵深入的新戰法

- 合成部隊集結影像誤導敵軍提前應戰。

這些影像若搭配假語音、假社群回應，即可形成「敘事封閉空間」，讓觀者無法立即驗證真實性。

在近期美軍多場聯合演訓與學術研究中，愈來愈多模擬情境開始納入「AI 操縱下的假地理資訊威脅」。研究指出，人工智慧可生成擬真度極高的虛假衛星圖像與熱影像，若被敵方利用，可能導致指揮中心誤判戰場實況，進而錯誤部署兵力或提前啟動攻擊。這類「深偽地圖」技術，已被美國防部列入未來戰場風險模型之一，並成為演習中不可忽視的資訊戰場景。

這證明了資訊戰的核心問題不在「有沒有資訊」，而在於你有太多了，分不清真假。

當干擾成為常態：決策失調的戰術成果

資訊過載狀態下，指揮系統容易出現以下三種錯誤：

- **分析癱瘓（Decision Paralysis）**：害怕錯誤而無法即時決定；
- **依賴單一來源**：一旦信任某一訊源，即使錯也難以修正；
- **戰場節奏錯位**：無法正確掌握敵我節奏，導致過早或過晚部署。

這種現象在俄烏戰爭中屢見不鮮。2022 年赫爾松戰役期間，俄方指揮系統因遭受大量假通訊攔截與虛假指令影響，三度錯判烏軍行進方向，結果誤導主力撤退，讓烏軍成功收復要地。

第三節　多源交錯訊息的戰場干擾效應

如湯瑪斯・謝林所言:「混亂的戰場不是天然形成的,而是有能力者設計出來的。」

現代資訊戰的目標正是設計這種高可信度的混亂──不是毀滅你的指揮中樞,而是讓你自己不再相信它。

> ### 情報防禦新原則:
> ### 不尋求真實,只尋求「足夠準確的穩定」

為應對這類交錯訊息的戰場環境,多國已開始改變資訊接收與決策模型,以下幾項原則正在成為主流:

- **建立交叉驗證單位**:同一筆訊息至少需經三種獨立管道確認;
- **資訊來源分類系統**:根據過往準確率給予不同權重;
- **心理資訊免疫訓練**:訓練軍官辨識「刻意混淆模式」並保持行動力;
- **戰場節奏容錯機制**:允許在「資訊未齊全」下啟動部分行動,提升反應彈性;
- **預設干擾預期**:將不確定性視為常態而非異常,避免錯誤恐慌。

這些應對方式皆回應《戰爭論》中的核心觀念:「完美的情報永遠不存在,行動的關鍵是如何在不完全的真實中建立穩定的節奏。」

第五章　電子欺敵與資訊假象：誘敵深入的新戰法

資訊混亂不是問題，是目的本身

現代資訊戰的終極目標，並非讓敵人相信錯誤的資訊，而是讓敵人不敢相信任何資訊。這種「認知封鎖」策略，其實是一種主動瓦解敵方決策體系的「資訊毒性設計」。

當戰爭從武器對武器，變成認知對認知、節奏對節奏時，誰能設計出對手無法駕馭的複雜性，誰就能主導節奏，甚至在開火之前就贏得勝利。

第四節　以色列、敘利亞與哈瑪斯的案例交織

「誤導對手不一定要靠隱藏自己，有時，只要讓他看到你想讓他看到的就夠了。」

一場沒有開進的地面戰：2021 年加薩的假象行動

2021 年 5 月，以色列國防軍（IDF）與哈瑪斯在加薩走廊爆發嚴重衝突。當國際媒體正關注空襲與火箭交火時，一則突如其來的消息震驚了各大外媒：「以色列地面部隊已經進入加薩。」

這則消息由 IDF 官方發言人向數家媒體釋出，並迅速在《紐約時報》、《華盛頓郵報》與《法新社》被轉載。

幾小時後，哈瑪斯的多個地道出口遭受猛烈空襲。事後證

第四節 以色列、敘利亞與哈瑪斯的案例交織

實,以色列地面部隊根本未曾進入加薩,這則「錯誤」訊息是刻意安排的一場心理戰與欺敵行動。

這場被軍事觀察家稱為「虛構攻勢的完美範例」,是資訊戰、心理戰與電子欺敵的經典交織。

操作路徑:從假訊息到真傷害的五步戰術

這場行動之所以成功,在於它並非單一手法,而是結合多重欺敵模型,建立一套「從認知誘導到火力引導」的資訊鏈條:

1. 製造地面入侵訊號

在邊境部署部隊並刻意釋出調動影像;模擬廣播流量增加與通訊密度上升,營造「進攻準備中」的電子輪廓。

2. 透過媒體釋出錯誤消息

由 IDF 官方發言人通知外媒:「我們已經開始地面行動」,創造高可信度敘事。

3. 誘使哈瑪斯指揮部調整部署

哈瑪斯根據入侵訊息,將戰術指揮轉移至地道系統進行防禦;多名中階指揮官與火箭發射手進入地下通道集結應戰。

4. 空軍鎖定地道座標進行突擊

在確認人員進入後,即以 F-16 與無人機進行精準轟炸,摧毀超過 15 公里的地道。

第五章　電子欺敵與資訊假象：誘敵深入的新戰法

5. 事後控制敘事並澄清消息

IDF 表示「通訊錯誤導致訊息誤傳」，而國際媒體在未受損失下接受詮釋，事件熱度被引導至戰略成果而非消息本身。

這五步行動呈現出心理欺敵、電子訊號干擾、社群敘事操控與火力決策的無縫結合，也說明資訊戰早已不只是宣傳工具，而是戰術實施的關鍵推進器。

理論對照：三本戰爭經典中的驗證

1. 克勞塞維茲《戰爭論》：意志操控

克勞塞維茲指出：「一切戰術設計的核心，是迫使敵人依我們的意圖行動。」這場行動即為意圖導引的成功案例。以色列並未以火力壓制，而是讓敵人自動走進我方設下的火力區，戰術上可謂「誘捕式部署」。

2. 湯瑪斯・謝林《衝突的策略》：敘事操縱

謝林提出「選擇性資訊曝露」概念：當敵人只接收到特定片段的資訊時，便會以為那是全貌。以色列正是利用媒體與社群成為「選擇性放話平臺」，讓錯誤資訊被合理化吸收，形成戰術上的誤導勝利。

3. 約翰・波特《資訊戰》：認知打擊

波特主張：「資訊戰的最高形式，是讓對手信任錯誤。」哈瑪斯選擇進入地道的瞬間，其決策基礎即已由敵方操控，其傷

第四節　以色列、敘利亞與哈瑪斯的案例交織

亡是「信錯資訊」的結果，而非火力不及。

這些理論驗證了此一行動不僅是實體軍事成功，更是心理與資訊空間的「三維戰勝」。

多方影響：戰術、戰略與輿論的多層回響

此案例不只產生實體戰果，還帶來以下長期效應：

- **心理層**：哈瑪斯對自身情報安全產生懷疑，日後行動更為保守；
- **指揮層**：以色列展示其對訊息空間的掌控能力，增強敵我決策不對稱；
- **輿論層**：外界多聚焦於以色列戰果，對欺敵行為的道德爭議則快速淡化；
- **軍事學界層**：此行動成為多所軍事學院教材中的經典案例，被稱為「資訊優勢戰術導引模型」。

這些層次交織說明，資訊戰與心理戰不再只是附加工具，而是設計戰術的前提要素。

未來戰場的勝利，往往從敵人的錯誤開始

以色列、敘利亞、哈瑪斯之間的資訊戰交鋒已不只是誰掌握更多導彈、誰控制空優，而是誰更早控制對方的感知、認知

第五章　電子欺敵與資訊假象：誘敵深入的新戰法

與決策邏輯。

這場沒有真正發生的地面戰，是對現代戰爭型態最深刻的提醒：

看見不等於真實，開火不等於主動，勝利不等於制壓。

在資訊戰場上，真正強大的力量，是讓敵人自願走進你設計的現實 —— 而他還以為自己主動選擇了這條路。

第六章
演算法指揮官：
AI 與自動化決策系統

第六章　演算法指揮官：AI 與自動化決策系統

第一節　人工智慧在軍事規劃中的角色演進

「未來的戰爭勝負，不再取決於誰擁有更多士兵，而在於誰的決策系統更快、更準，且先於敵人理解局勢。」

從工具到戰略核心：AI 角色的質變之路

人工智慧（Artificial Intelligence, AI）原本在軍事領域僅被視為一種資料分析工具，用於後勤、補給、戰場監控等「非決策核心任務」。但在進入 2020 年代後，隨著大數據運算、深度學習與感知融合技術的快速進展，AI 逐漸從「輔助系統」轉化為軍事戰略規劃中的「決策夥伴」，甚至在某些情境中已具有準指揮功能。

這種質變帶來了軍事體系運作上的三項重大變化：

- **從資訊過濾到威脅預測**：AI 不再只是處理雜訊，而是主動推估可能的敵方意圖；
- **從感知融合到策略建議**：AI 能將衛星、無人機、雷達、網路情報等整合後，提出最可行的行動路線；
- **從戰術執行到戰略擬定**：部分先進軍事系統已將 AI 納入聯合作戰規劃會議中，具備「虛擬軍官」功能。

這些轉變使 AI 在軍事中的角色不再是「技術支援」，而是核

第一節　人工智慧在軍事規劃中的角色演進

心規劃架構的一環。如《戰爭論》所言：「戰略的靈魂在於理解複雜性並創造行動的節奏」，AI 正是當代最強的「複雜解碼器」。

三個歷程階段：AI 參與軍事決策的演進

AI 的軍事角色演化可分為三個歷程階段：

▪ 第一階段：後勤與分析自動化（2000～2012）

此階段 AI 主要用於：

- ❖ 補給線最短化計算
- ❖ 兵力調動與燃料預估模型
- ❖ 衛星與雷達影像的初階判讀

如美軍在伊拉克與阿富汗的「自動化後勤分配平臺」就是利用 AI 進行彈藥優先度分析，提升資源效率約 35%。但此時 AI 尚未參與「決策」，僅為執行優化。

▪ 第二階段：決策輔助與威脅辨識（2013～2019）

此階段開始導入深度學習模型，AI 開始扮演「建議者」角色。代表性專案包括：

- ❖ **Project Maven**（美國）：利用 AI 快速分析無人機影像，判別是否為潛在威脅，協助情報官分配打擊目標；
- ❖ **Fire Weaver**（以色列）：利用 AI 協助前線部隊即時鎖定優先打擊目標，並同步發送作戰指令至無人機或火砲。

第六章　演算法指揮官：AI 與自動化決策系統

此階段 AI 開始進入「戰場節奏管理」領域，成為指揮官的決策參與者。

▰ 第三階段：策略預測與模擬指揮（2020 年至今）

此階段 AI 已不再只是「建議」，而可進行：

❖ 敵方行為模式模擬與預測

❖ 指揮鏈建議調整

❖ 多戰場同步應對規劃

例如：美國國防部旗下的聯合人工智慧中心（JAIC）自 2021 年起推動多項人工智慧應用計畫，旨在提升戰場決策的即時性與準確性。其中一類 AI 系統可在模擬衝突中，根據戰場數據自主規劃兵力調度與火力配置，並生成多套行動方案，供指揮官即時評估與選擇。這種「決策輔助型 AI」已成為聯合作戰與後勤部署中的核心工具之一，亦為未來「全域指管系統」（JADC2）奠定基礎。

這使得 AI 首次具備「類軍官」地位，並被納入作戰會議討論序列中。部分國防白皮書已開始將 AI 定義為非人格化軍事參與者。

第一節　人工智慧在軍事規劃中的角色演進

AI 的四個軍事任務範疇

目前 AI 已在以下四個核心軍事任務範疇中發揮實際影響：

■ 戰場感知與辨識

包括目標辨識（object detection）、異常行為預警、熱源追蹤與電子頻譜偵測；如烏克蘭戰場使用 AI 處理公民回報影片與無人機影像，辨識敵方部署位置。

■ 任務分配與資源調度

AI 根據戰場動態調整資源與部隊位置；以色列國防軍與本土企業合作，開發 AI 後勤管理工具，即時調整火力與補給車隊部署。

■ 敵方意圖預測與風險分析

AI 可從過去數十次交戰記錄與部署模式中預測敵方下一步行動；美國致力於開發 AI 系統，分析歷史交戰紀錄與部署模式，以預測敵方行動並進行風險分析。

■ 決策模擬與戰略演化建議

包含沙盤推演、兵棋模擬與非預期變數管理；如英國國防科技公司 Hadean 與英國陸軍合作，開發 AI 驅動的合成訓練環境，模擬多種戰場情境，協助指揮官評估作戰方案的穩定性與效果。

這些應用顯示 AI 已從被動支援，轉為主動建構戰場理解模型與提出策略建議的智能系統。

第六章　演算法指揮官：AI 與自動化決策系統

AI 與人類指揮官的互補與張力

儘管 AI 發展迅速，仍存在兩大潛在張力：

- ❖ **信任問題**：當 AI 與指揮官意見相左時，是否應以 AI 為準？誰承擔戰果後果？
- ❖ **責任歸屬**：若 AI 錯誤導致軍事失誤或人道災難，應由誰負責？操作者、系統開發者還是戰略高層？

這些問題正是本章將深入探討的主軸，也牽涉到軍事倫理與政治責任在科技時代的重新界定。

AI 已不再只是工具，而是「思考的另一種形式」

克勞塞維茲在《戰爭論》中指出：「戰爭的最高智慧，不在於掌握資訊，而在於駕馭不確定性。」而 AI 的出現，正是對這句話的現代回應。

它能提供多維度的預測、多變數的建議與即時反應機制，讓指揮官在資訊爆炸與戰場混亂中保有清晰的選擇空間。AI 不是取代人類，而是補足人類難以負荷的計算性任務，進而協助重構戰略節奏。

然而，當這個「思考機器」開始對軍事行動施加實質影響時，我們也不得不問：

誰在指揮戰爭？人，還是演算法？

第二節　演算法判斷與人類直覺的取捨問題

「機器可以計算，但它能理解模糊與恐懼嗎？而那正是戰爭的核心。」

機器思考與人類判斷：兩種戰爭認知模式的對撞

人工智慧已能整合雷達數據、戰場情資、衛星影像與敵軍過往行動模式，提出精確且即時的戰術建議。然而，這些建議一旦與人類直覺判斷產生衝突時，是否該採納 AI 所建議的選項，便成為當前軍事決策中極具爭議的問題。

事實上，AI 與人類在處理資訊時的基本邏輯便不同：

- **AI 依賴數據模式與機率模型**，其預測來自歷史資料與統計關聯性；
- **人類指揮官則基於經驗、情境感知與心理直覺**，尤其重視非量化變數如政治氛圍、敵軍風格、天氣突變等。

這使得兩者經常出現「決策不一致」的情況。舉例來說：

- AI 建議進攻敵軍補給點，預測成功率為 73%；
- 指揮官卻基於「敵軍太安靜」而感到不安，傾向撤軍觀望。

問題是：誰該擁有最後決策權？若戰果不佳，又該由誰負責？

第六章　演算法指揮官：AI 與自動化決策系統

這些問題的背後，牽涉的不僅是指揮權分配，更是戰爭哲學與責任歸屬的深層矛盾。

系統一 vs. 系統二：人腦與機器的決策邏輯差異

心理學家丹尼爾‧康納曼（Daniel Kahneman）在《快思慢想》中提出人類決策的兩套系統：

❖ 系統一（System 1）：快速、直覺、情緒化；
❖ 系統二（System 2）：緩慢、理性、基於計算。

AI 基本上是超強版的系統二，能在極短時間內處理大量變數並提出最「計算正確」的建議；但戰爭並不只是數學，許多關鍵決策往往反直覺，甚至依賴「戰場嗅覺」。

美軍陸軍參謀學院曾有一份研究報告指出，超過 50% 的經典戰術成功案例，無法用數據邏輯逆推出為何選擇這條路。

這正說明 AI 與人類判斷之間存在的「解釋斷裂」：

❖ AI 判斷能夠說明「為什麼這條路成功的可能性高」；
❖ 人類直覺則能察覺「即使這條路數據好，但氣氛不對、時機不穩，應該暫停」。

而一旦 AI 與人類意見不合，指揮鏈常陷入三種「取捨困局」。

第二節　演算法判斷與人類直覺的取捨問題

三種軍事決策困局：當機器與人爭奪決策舞臺

1. 決策權倒置困局

當 AI 建議反覆準確，指揮官可能過度信任 AI 系統，甚至放棄主導思考，將戰術交由機器自動運作，產生「技術依賴」現象。

此現象在「Project Maven」執行初期已出現：部分飛行員表示「反正 AI 已標注為非目標，我就不打」，結果被發現 AI 訓練資料未涵蓋新型敵軍偽裝樣態，導致誤判。

風險在於：AI 預測對錯與否，我方行動仍需負全部後果。

2. 決策懸空困局

當 AI 與人類意見對立，雙方彼此懷疑，指揮官可能無法即時決定採用哪方建議，造成決策延遲。

在 2022 年北約多國聯合演訓中，AI 系統首次被納入部分戰術建議流程，用於生成空襲與資源調度的最佳時機。然而演訓中出現一類關鍵情境：AI 建議提前發動空襲以壓制敵軍行動，但人類指揮官因顧慮潛在的民區風險，要求系統反覆解釋決策依據。雖最終人為下達攻擊指令，行動已錯失黃金時機，敵方完成重新部署，模擬戰果不如預期。

風險在於：不決策，本身就是最差的選擇。

3. 決策後責困局 (Post Hoc Accountability Trap)

若採用 AI 建議失敗，是否應追究系統設計？若採人類直覺失敗，是否系統未能強烈反對？責任歸屬問題讓許多高階軍官在 AI 決策參與下出現「心理閃躲」。

這些困局已被列入北約《人工智慧戰略》修訂建議中，要求各會員國：

❖ 為 AI 建議標注「風險階級」與「信心指數」；
❖ 設置人機協同決策門檻機制，避免過度依賴；
❖ 建立可解釋人工智慧 (Explainable AI)，強化行動正當性建構。

案例剖析：
美軍 vs. 以色列的「人機協作設計思維」

美軍與以色列是當前 AI 決策參與度最高的軍隊之一，但兩者在處理人機衝突時呈現不同風格。

美軍模式：強化透明、保持主控

美軍將 AI 定義為「戰術建議者而非指揮主體」，強調：

❖ AI 輸出須提供**可解釋性報告**；
❖ 決策者有「拒絕 AI 建議」的明文化機制；

第二節　演算法判斷與人類直覺的取捨問題

❖ 建議系統必須允許「人為覆核流程」。

此模式著重於「人類責任保持原則」，視 AI 為輔助性參謀。

■ 以色列模式：前線即時、偏向 AI 主導

IDF 在前線火力指派上，常採取 AI 自動配發、兵力即時調整之策略，特別是在無人機與火砲協調行動中，明確使用「AI 主導下的人類監督」機制。

此模式被稱為「人類監督的自動化決策」，適合高壓、需即時反應的戰場情境，風險則在於演算法黑箱無法即時解釋。

兩種模式分別反映出「信任演算法」與「質疑演算法」的軍事文化差異。

> **戰爭從不是理性的，**
> **而 AI 正是理性極限的挑戰**

《戰爭論》指出：「在風險與不確定中，決策者必須依賴經驗與判斷，而非計算。」但 AI 的出現，正讓這句話產生張力──當計算能力超越人類，判斷是否仍有價值？

事實是：AI 可以提供方向，但不能理解勇氣、風險與恐懼；也無法承擔後果與責任。

因此，在未來資訊化戰場上，最關鍵的角色不是「能否用 AI」，而是「何時應該相信 AI、何時應該回歸直覺」。

第六章　演算法指揮官：AI 與自動化決策系統

第三節　自主武器系統與倫理辯證

「戰爭中最可怕的不是敵人，而是那些沒人負責的選擇。」

人工智慧開火的那一刻：誰該對死亡負責？

自 2020 年聯合國《常規武器公約》會議首次將「致命性自主武器系統」（Lethal Autonomous Weapon Systems, LAWS）列入討論後，AI 殺人機器是否該存在、如何規範，便成為當代軍事倫理中最具爭議的議題之一。

自主武器系統是指能在無人類即時指令下，自行辨識目標並執行殺傷行動的武器平臺。它的誕生，改寫了戰爭的三大基本關係：

❖ **武器與決策的關係**──從工具變成「行為者」；
❖ **指揮與行動的關係**──從直接指揮變成後設監督；
❖ **責任與結果的關係**──從人承擔變成系統分散。

這些轉變不僅衝擊戰爭法制，更根本動搖了克勞塞維茲的核心假設：「戰爭是政治的延伸，決策來自人類意志。」當 AI 掌握了殺與不殺的權限，戰爭是否仍是人類意志的展現？

第三節　自主武器系統與倫理辯證

自主殺傷技術的發展現況

目前全球軍事強國皆投入自主武器系統研發，已有下列具體應用案例：

1. Loitering Munitions（滯空彈藥）

如以色列的 Harpy 與美國的 Switchblade 系統，具備自我搜尋、辨識並自殺式攻擊敵方雷達站或車隊的能力。此類系統可在無人介入下自主完成攻擊流程。

中國、俄羅斯與美國皆有開發無人機群作戰能力，AI 可協同百架以上無人機自動區隔目標與行動區域，實施打擊或干擾。

2. 反人員自動塔臺（Sentry Guns）

南韓於北緯 38 度非軍事區部署的 SAMSUNG SGR-A1 塔臺具備目標偵測、警告、開火流程，可在少量人類監督下自動判斷目標是否為敵。

以上系統在設計時大多聲稱「仍有人工確認環節」，但實務上在資訊過量或戰場混亂時，這個人工確認多淪為形式，甚至因演算法誤判導致民間死傷事件層出不窮。

第六章　演算法指揮官：AI 與自動化決策系統

四大倫理辯證核心爭點

隨著 AI 在戰場地位日益上升，四項核心倫理爭議浮上檯面：

1. 責任歸屬的模糊化

若 AI 錯誤擊殺無辜，應由誰負責？常見的三個主體為：

- 操作人員（Operator）：但操作人可能未即時介入；
- 指揮官（Commander）：但其非直接執行；
- **開發商或製造者**：法律上缺乏清楚先例。

此種「無責任死角」現象被稱為倫理幽靈區（Ethical Grey Zone），讓戰爭責任無法具體追溯。

2. 人性判斷的去除

人類即使在殺傷行為中，仍具備同理、懷疑與懸停可能。AI 則只基於目標特徵與資料模型做判斷，無法理解「舉手是求救還是攻擊預備」。

2020 年利比亞內戰期間，土耳其提供給民族團結政府（GNA）的 KARGU-2 自主攻擊型無人機疑似曾在無人操控情況下對目標發動攻擊，造成平民傷亡。根據聯合國專家小組於 2021 年發表的報告指出，該事件中「並無明確證據顯示有操作人員實時介入」，引發國際社會對 AI 自主武器是否應擁有「開火決策權」的強烈關注與倫理爭議。此事件被視為人類首次面臨「機器主動殺傷」的實戰先例，也促使多國重新檢視相關規範與技術邊界。

第三節　自主武器系統與倫理辯證

3. 軍事比例原則的崩解

國際法中的「比例原則」要求軍事行動不能造成超過目標價值的附帶損害。AI 系統若無法解釋其行動計算邏輯，即難以進行法律檢驗。

試想：若 AI 為達成「清除狙擊點」任務，選擇對整棟大樓發動自毀式攻擊，即便成功達成目標，但其附帶損害如何被量化與責任判定？

4. 科技壟斷與倫理競賽失衡

目前開發 AI 殺傷武器的主要國家集中於美、俄、中、以、英等大國，發展節奏迅速，導致國際社會對「禁止 AI 武器條約」進展極為遲緩。

多數小國認為，若無全面約束機制，禁止 AI 武器即等於自我裁軍，反而激發更多國家秘密部署類 AI 武器，形成「科技倫理的囚徒困境」。

軍事與倫理的交界：從指揮權到戰爭本質的重思

在軍事哲學上，自主武器的出現代表戰爭邊界從地理與武器，轉向決策與人性。

❖ 若殺傷決定來自 AI，是否意味戰爭中「意志對抗意志」的本質被改寫？

第六章　演算法指揮官：AI 與自動化決策系統

- ❖ 若決策權委託給機器，我們是否仍能說「這是我軍的行為」？
- ❖ 若每次戰爭死亡都能由程式碼計算出來，是否也意味「人類的道德判斷」已無立足之地？

這些問題已非單純戰術設計，而是戰爭主權的重構。

如湯瑪斯・謝林指出：「戰爭是一種訊號，一種意志的傳遞工具。」若訊號的設計與執行皆非人類，那麼戰爭是否仍保有傳遞意志的功能？

亦如克勞塞維茲所問：「若戰爭不再需要人類的判斷與勇氣，那我們所參與的，還是戰爭嗎？」

我們能不能讓機器為人類決定生死？

AI 自主武器正把人類帶入一個陌生的戰爭時代，一個行動者可能不是人類、錯誤不知如何追責、死亡不再需經過「決定」的時代。

許多軍事理論家呼籲在全面部署前，應建立以下基本原則：

- ❖ 人類主動性原則（Meaningful Human Control）：AI 可建議、可執行，但不可獨立判斷殺傷；
- ❖ 可追溯性原則（Accountability Chain）：所有 AI 行動需能對人類決策負責；
- ❖ 透明性原則（Explainability）：AI 系統須可解釋其行動理由；
- ❖ 比例與必要性審查機制：與國際法一致。

否則，我們很可能在未來某場戰爭中，面對一個無法回應、無法審問、也無法悔改的決策者——一個人類賦予武力卻無法控制的演算法。

第四節　智能化作戰的風險管理與操控範疇

「最好的科技，若沒有界限，就是戰略自毀的開始。」

技術愈強，邊界愈模糊：戰爭操控的難題

AI 在戰場上的應用越來越廣，從目標辨識、戰術建議，到部分自主攻擊，已逐步改變軍事系統的行動邏輯。然而，這種「賦能」背後潛藏的最大風險，是失控與不可預期性。

資訊與演算法系統的風險主要來自三大來源：

- **黑箱問題**：AI 系統難以即時解釋其決策依據，人類無法介入修正；
- **敵方操控**：若敵軍懂得干擾 AI 邏輯，可能反過來利用其演算法漏洞；
- **回饋效應**：AI 若依據過往數據學習，可能不斷強化錯誤戰術或歧視性目標。

第六章　演算法指揮官：AI 與自動化決策系統

這些問題不僅是工程挑戰，更是戰略設計與風險控管的高階課題。戰場上，不怕 AI 錯，而怕我們無法即時察覺它錯在哪裡、怎麼錯、誰該停下它。

四個層級的 AI 風險評估架構

參考北約 ACT（Allied Command Transformation）與美國國防部的 AI 風險管理規範，可將 AI 風險評估分為四個戰略層級進行規劃：

1. 感知層級（Perception Layer）

風險：錯誤辨識、敵我混淆、感測器資訊不全或偏誤。

控管建議：

- 建立多源資料驗證機制；
- 對感測器訊號進行「信任指數」加權；
- 引進人機混合式判讀制度。

2. 分析層級（Processing Layer）

風險：AI 在資料不足或敵方誘導情境下產生錯誤推論。

控管建議：

- 訓練 AI 模型於不確定性下輸出「決策信心值」；
- 所有分析結果須配合「備選解釋模型」進行審核；
- 增加演算法防欺騙演練。

第四節　智能化作戰的風險管理與操控範疇

3. 決策層級 (Decision Layer)

風險：AI 提出戰術或戰略判斷，但不符合現實條件或敵人變數。

控管建議：

- ❖ 所有 AI 決策建議須經過「人類策略審查官」覆核；
- ❖ 設置 AI 建議的「使用門檻」(如高衝突場景才可直接採用)；
- ❖ 所有 AI 行動建議需附上風險預測與應變模組。

4. 行動層級 (Action Layer)

風險：AI 指揮或觸發實體武器，造成不可逆的後果。

控管建議：

- ❖ 應用「雙重認證原則」：需兩個獨立系統確認才可啟動；
- ❖ 設置「緊急停止系統」與遠端人工中斷權限；
- ❖ 明訂 AI 不得主導具大規模殺傷能力的攻擊，特別於城市戰或民間區域。

這種多層風險框架強調：不是不讓 AI 行動，而是讓 AI 的每一步都有責任交接點與風險視覺化機制。

策略性操控範疇：設定 AI 的「軍事沙盒」

為避免 AI 系統因戰場情境變化而造成意外破壞，軍方應預設所謂的「行動沙盒」(Operational Sandbox)，即將 AI 的自主範

第六章　演算法指揮官：AI 與自動化決策系統

圍限制於一個安全、可預期的操作區域。

操作原則包括：

◾ 目標類型限定

只能對明確敵軍設備行動（如坦克、無人機），不得涉及人形目標。

◾ 時限與區域限制

系統運作時間、攻擊範圍與任務區域須事先程式化定義，不得自我延展。

◾ 即時人類干預機制（Human-in-the-Loop）

系統每完成一輪運作須等待人類審核方能繼續，如需持續自動化則進入「節奏緩衝模式」。

◾ 決策紀錄回溯系統（Combat Audit Trail）

所有判斷、運算與攻擊行為須能夠追蹤並進行事後審計。

此種設計等於為 AI 系統設立作戰等級的法律與道德圍欄，確保它不是一匹脫韁野馬，而是一位遵守戰術條件的「受控參謀」。

實務案例：美國 vs. 中國的 AI 操控範圍設計差異

◾ 美國：責任導向的 AI 操控範式

美國國防部設立五大 AI 作戰原則：

第四節　智能化作戰的風險管理與操控範疇

- ❖ 可追責（Responsible）
- ❖ 可解釋（Traceable）
- ❖ 可控（Governable）
- ❖ 可靠（Reliable）
- ❖ 無偏見（Equitable）

美軍所有 AI 作戰系統皆須經過「AI 倫理審查委員會」與「國防數位服務局」交叉查核，特別對於自主開火系統設有多重監管。

中國：實效導向的「智慧戰場」理念

中國「智能化作戰」概念偏向將 AI 視為戰場主體之一，強調即時、快速、無需人為延遲的決策節奏。AI 可根據即時情資自動調整前線火力配置，並僅需上級一次確認即啟動。此模式風險在於：若敵方操控或資訊誤導，AI 可能加速錯誤決策的爆發。

兩種模式分別展現出：一方重視人機協調中的「控制」與「問責」，一方強調速度與機動性優先。

科技不是戰略的終點，而是新的博弈起點

AI 不會替代人類，但它會重新定義什麼是「決策」、「風險」與「主權」。

第六章　演算法指揮官：AI 與自動化決策系統

　　如《戰爭論》所言：「戰爭的核心從不是武器，而是指揮與選擇的節奏。」而今日，這節奏不再僅由人類節拍決定。

　　未來軍事設計者的任務，不只是設計能打贏的系統，而是要設計即使錯誤發生，也能迅速收手的系統。

　　AI 若要成為軍事戰略的朋友，我們必須先學會成為它的邊界設計者，而非放任者。

第七章
資訊優勢的戰略意涵與決勝瞬間

第七章　資訊優勢的戰略意涵與決勝瞬間

第一節　資訊壓制如何改變戰爭節奏

「在現代戰爭中，不是誰火力強、誰先開火，而是誰先知道該往哪裡開火。」

從火力對決到節奏爭奪：資訊壓制的戰略轉向

傳統戰爭中的主導權來自軍力與兵力部署，但在資訊時代，真正的主動權，來自誰能先理解、誰能先判斷、誰能先行動。

克勞塞維茲在《戰爭論》中強調：「戰爭的本質是兩個意志之間的互動節奏。」而在資訊化時代，這個「節奏」的主導者，往往就是資訊優勢的擁有者。

「資訊壓制」不再只是摧毀對方通訊設備或干擾雷達訊號，而是讓對手無法建立正確的「戰場心智模型」。簡單地說，就是讓對方不知道你在哪、你有多少兵、你要幹嘛。

這種壓制可能透過電子干擾、假訊息滲透、社群操控、通訊攔截、資料毀損，甚至干擾其 AI 判斷系統來完成。一旦對方失去資訊掌控，就會出現「無從判斷－無法決策－延誤反應」的戰術斷鏈效應，節奏被你掌控。

第一節　資訊壓制如何改變戰爭節奏

資訊壓制的三階段戰術模型

依據現代戰略實務與作戰觀察，資訊壓制行動通常分為以下三階段：

▰ 第一階段：感知遮蔽（Perception Blinding）

目標是讓敵方看不見戰場全貌或誤判我方部署。

應用方式包括：

- 電子干擾與雷達欺敵（如使用反射波建構假戰機影像）；
- 偽造無人機影像與 AI 模糊數據資料；
- GPS 訊號干擾，使敵方無法正確定位或導引。

實例：2021 年以色列對加薩的行動中，IDF 透過干擾系統讓哈瑪斯錯誤判斷其空襲路線，錯置防空單位，造成火力空窗。

▰ 第二階段：節奏打亂（Tempo Disruption）

當敵人開始懷疑原有戰場認知時，第二階段透過假目標與交錯資訊壓力，讓敵方決策節奏全面混亂。

關鍵技術包括：

- 多源錯誤情資（由 OSINT 引導方向錯誤）；
- 情緒性社群訊息讓基層士兵失去信心或誤解上級命令；
- 假通訊與假指令注入，讓敵軍誤調資源或火力。

此階段的目的是削弱敵方作戰同步性與指揮一致性。以烏克

蘭為例，其電子戰部隊 2022 年曾成功攔截俄軍部隊內部通訊，重新播報假命令，導致整個營區錯誤轉移方向，錯失火力掩護。

第三階段：主動引導（Strategic Deception）

當敵人節奏被打斷、心智模型破碎後，我方可趁勢發動資訊引導性打擊：

❖ 利用敵方誤判進行主動突襲；

❖ 將敵方部隊導入火力伏擊圈；

❖ 引導其高階指揮錯誤調度，造成後勤鏈崩解。

此階段的重點是：資訊優勢不只是防守工具，而是攻擊起點。

美軍在 2003 年「伊拉克自由」行動中就曾使用類似手法，誤導伊軍認為攻擊重心在南部，結果坦克部隊直奔巴格達，打亂整個防禦體系。

決策節奏與軍事勝負的關鍵性關係

在資訊壓制與節奏控制之下，戰場勝負從「軍事對軍事」轉向「節奏對節奏」的對抗。

這種轉變改變了下列四種軍事現實：

❖ 作戰優勢不再來自火力規模，而是反應速度。

❖ 勝利者不是最強，而是最早行動且最早適應。

❖ 決策空窗時間一旦出現，將引發連鎖敗局。

第一節　資訊壓制如何改變戰爭節奏

❖ 被動等待訊息驗證的軍隊，注定輸在起跑線。

如《戰爭論》所說：「無論多大的兵力與武器，一旦不能在正確時機使用，即等於無物。」

AI 與即時系統如何強化資訊壓制

AI 與即時戰場資料系統（如 C4ISR）是實現資訊壓制的最佳輔助工具。其優勢在於：

❖ **比人類更快的反應速度**：AI 可即時判讀敵方通訊、移動與部署數據，提供建議甚至自動觸發應變。

❖ **演算法模擬可預測敵方反應**：例如以色列的 Fire Weaver 系統可依據歷史反應資料模擬敵軍行動，提前調整火力配置。

❖ **強化資訊迷霧策略**：AI 可製造「似是而非」的假目標群組，讓敵方 AI 系統進入判斷錯誤循環。

這些技術不只是提升準確度，更是在戰場節奏層面創造差距。

案例分析：烏克蘭對抗俄羅斯的資訊主導行動

烏克蘭在 2022 年哈爾科夫反攻戰役中，利用以下策略實現資訊壓制與節奏主導：

❖ 利用美國提供之星鏈衛星建立安全通訊網；

❖ 引導媒體聚焦南部戰線，實則於北部集結部隊；

第七章　資訊優勢的戰略意涵與決勝瞬間

- ❖ 散布大量社群訊息誤導俄軍關注假地點；
- ❖ 同時電子干擾俄軍無線電，切斷戰場橫向連結；
- ❖ 快速推進造成俄軍「資訊斷層－命令混亂－節奏崩解」的連鎖反應。

結果短短四日收復數千平方公里，證明資訊壓制不只是防禦性工具，更是節奏逆襲的主動武器。

資訊優勢不是目的，而是節奏主導的手段

資訊壓制並不等同於全能掌控，而是一種讓敵人無法建立節奏、自己掌握主導權的戰略操作。

克勞塞維茲說過：「戰爭是對手之間在時間與行動上的競爭節奏，勝利者往往是節奏不被打亂的一方。」

在這個瞬息萬變的資訊戰時代，勝利將不再是誰擁有最強武器，而是誰能讓對手完全來不及做出正確反應。

第二節　戰場中的「秒級決策」能力競賽

「速度本身就是一種壓力，一旦掌握節奏，便等於壓迫對手進入混亂。」

第二節　戰場中的「秒級決策」能力競賽

從「掌握資訊」到「超前反應」：節奏壓制的新戰法

資訊優勢不只在於掌握敵軍動向，更在於能否比對手更快進入下一個行動週期。而當戰場節奏被技術壓縮到「秒級反應」層次，整個戰爭的邏輯與勝負機制便被徹底改寫。

傳統軍事決策常以「日」為單位規劃行動流程，包括偵查、情報蒐集、兵力部署與命令下達；但在 AI、C4ISR（Command, Control, Communications, Computers, Intelligence, Surveillance and Reconnaissance）與無人載具全面整合下，現代軍事系統已經可以在數秒內完成資料感知、敵我辨識、戰術建議與打擊實施。

這不再是「速度提升」的問題，而是「決策單位時間的範疇重新定義」——

誰能將整個決策鏈壓縮為秒級，就能主導敵人進入延遲、錯誤與混亂的節奏。

「OODA 循環」與 AI 壓縮決策模型

美國空軍上校約翰・博伊德（John Boyd）提出著名的「OODA 循環」：

- Observe（觀察）
- Orient（判斷）
- Decide（決策）

第七章　資訊優勢的戰略意涵與決勝瞬間

- Act（行動）

他主張：戰場勝利來自於「OODA 循環比敵人快」，因為節奏差將使對方落入被動。AI 與自動化系統最大的戰略優勢，正是能把這個循環壓縮成極小的時間單位：

- 傳統人類決策循環約需 30 分鐘～2 小時；
- 現代 AI 輔助系統可將其縮短至 3～8 秒；
- 如與無人載具整合，甚至可達 1.5 秒內完成整個流程。

這種時間壓縮不僅加速戰場反應，更會迫使敵方系統追不上你的行動節奏，導致錯判或決策延遲，使之陷入「節奏困境」。

秒級決策的戰術與戰略影響

1.「瞬時鎖定」能力成為火力優勢轉化器

以色列 Fire Weaver 系統可自動從多個感測來源（無人機、地面部隊、雷達等）即時統整敵軍位置，並自動指派最近武器平臺進行打擊。全過程由 AI 完成判斷與分派，平均僅需 5 秒內完成鎖定與開火指令轉發。

這使得戰場節奏從「先偵查、再判斷、再命令」變成「看到即打擊（See → Strike）」，打破了傳統火力部署與決策延遲之間的落差。

2. 指揮系統由「集權」走向「分散自動同步」

AI 系統的反應速度使高層指揮無法即時干預每一項小動,因此各單位傾向被賦予「任務型指揮授權」與「行動原則」預設值,讓 AI 自主於秒內完成任務調度與攻防反應。

這使指揮模式由「等命令」變成「授權後自執行」,有效減少通訊遲延,但也帶來一個問題:若 AI 誤判,是否能即時回收?

3. 秒級決策創造「時間稀缺性戰略」

當我方決策在數秒內完成,而敵方仍需數分鐘甚至數小時,雙方即處於節奏斷層狀態。如博伊德所言:「當你的 OODA 速度快過敵人兩圈,他將永遠追不上你。」

這不僅造成戰術節奏優勢,更會破壞敵方的整體戰略設計,使其原先部署變成反應式行動,進而失去戰爭主導性。

案例分析:烏克蘭戰場上的「超反應火力鏈」

2022 年俄烏戰爭中,烏克蘭利用美製 HIMARS 多管火箭與 AI 地面指揮模組進行超快速打擊作戰:

❖ 利用前線部隊 AI 即時回傳座標;
❖ 中央指揮系統幾乎不介入,直接將指令交給自動火力分配系統;
❖ 整個從偵查、分析、攻擊到驗證,耗時平均 **9.5 秒**;

第七章　資訊優勢的戰略意涵與決勝瞬間

❖ 俄軍因指揮鏈冗長（常需上報至師級），無法即時反制。

此種秒級循環不只造成俄軍指揮節奏崩壞，更讓其前線單位因為無法確認敵人打哪來而心理恐慌，導致多次自動棄守據點。

秒級決策的風險與限制

儘管節奏壓縮帶來戰術優勢，但也伴隨三大潛在風險：

1. 決策誤差無緩衝機會

決策空間壓縮到數秒內，將大幅減少人類驗證與質疑空間，容易因系統錯判而快速產生災難性後果（如誤炸、誤擊盟軍等）。

2. 整體戰略難以即時同步

當基層系統快速反應時，高層指揮尚未更新策略，很可能出現「下打完了，上還沒決定」的指揮失衡。

3. 秒級節奏恐導致誤觸戰略紅線

快速火力反應若針對錯誤對象或接近敵方紅線設施，極可能引發不必要升級（例如打擊錯誤目標導致全面開戰）。

因此，建立「節奏安全帶」與「AI 反應節奏限制」將成為未來軍隊資訊戰的重要戰略設計。

在秒內決定勝負的戰爭節奏革命

當戰場反應時間壓縮到「秒」的單位，戰爭已不再是軍團與軍團的對抗，而是節奏與節奏之間的決鬥。

如同湯瑪斯・謝林所說：「節奏不只是武器，它本身就是戰爭的勝負關鍵。」

資訊戰的最終競賽，不在誰最會打，而在誰比誰更早知道、誰更快行動、誰更早結束敵人的思考空間。

第三節 「資訊壟斷」與敵方迷霧管理策略

「無知，有時是一種策略；資訊越準確者，未必是勝者，而是最早失去行動自由的人。」

資訊壟斷的雙面性：主導還是反射？

資訊壟斷是指一方在戰場上全面掌握敵我部署、通訊節點、火力節奏與指揮決策，進而壓制對手資訊流動與決策能力的狀態。

然而，當一方取得資訊壟斷後，另一方是否注定被動挨打？答案是否定的。實戰證明，資訊落後者未必無力反擊，關

第七章　資訊優勢的戰略意涵與決勝瞬間

鍵在於其是否懂得「迷霧管理」。

「迷霧管理」並非單純的掩蔽或躲藏，而是一種主動製造混亂與遮蔽認知的策略。其目的不在於恢復資訊優勢，而是透過干擾敵人的資訊判斷、拉長敵人的 OODA 循環，甚至讓其過度信任錯誤資訊。

就像《戰爭論》指出的：「戰場從來不是清晰的棋盤，而是一片充滿錯誤訊息與情緒投射的迷霧森林。」

資訊落後者的反擊三策略：創造不確定與干擾信心

資訊壟斷並非絕對不可破解。資訊落後一方常透過三種「戰場迷霧管理策略」應對資訊優勢的壓迫。

一、節奏逆轉策略：打亂對方資料鏈節奏

資訊壟斷依賴即時感知與快速反應，若能打亂其資料節奏，即可使其反應延誤或誤判。

方法包括：

- **電磁干擾**：阻斷對方無人機、衛星、雷達連線，使其資料鏈出現空窗；
- **訊號假象**：釋放大量無意義訊號擾亂敵方 AI 分析，讓其無法正確辨識主戰區；
- **熱點轉移**：故意在無戰略價值區域集中聲音、影像或通訊活動，迫使敵人誤判重心。

第三節 「資訊壟斷」與敵方迷霧管理策略

實例：2023 年烏克蘭在巴赫姆特防線佯動重裝備部隊北移，實際上為空倉操作，但俄軍衛星與 AI 分析誤認為「大規模轉進」，導致其調派主力北援，南線遭反擊。

二、資訊毒化策略：反用敵方資訊優勢的漏洞

當敵方過度依賴 AI 或大數據推演時，資訊落後者可主動釋放高相似度錯誤資料來「毒化」其判斷機制。

方法包括：

- **多源假目標資料**：利用開源平臺、社群媒體釋放一致性錯誤座標；
- **假士兵假屍體假動員**：利用空拍與地面布景讓 AI 誤認為敵軍已陣亡或已轉移；
- **錯誤模式建構**：持續釋放特定類型部署行動，讓敵方 AI 習慣化錯誤判斷模型。

這是一種認知戰範疇的反制模式，即：「我無法超越你，但我能讓你的系統失去準確性。」

三、動態掩蔽策略：擾亂辨識邏輯、混淆追蹤軌跡

資訊壟斷需要建立「一致性辨識脈絡」，若能打破其辨識與預測邏輯，即可使其整套資訊優勢機制崩潰。

操作方式包括：

- 使用非線性行軍與交錯編隊；

第七章　資訊優勢的戰略意涵與決勝瞬間

- ❖ 將軍事移動藏於平民活動或貨運軌跡中；
- ❖ 刻意產生行動矛盾訊號，如攻擊後撤回再強襲，打亂敵方預測模型。

這類策略在敘利亞內戰中被游擊型部隊廣泛使用，如 ISIS 在 2016 年多次藉由假目標與「交錯襲擊」策略突襲美軍駐地，使得擁有全面空優與情報的聯軍仍無法即時掌握實況。

當資訊成為負資產：過度掌握的戰略陷阱

一個常被忽略的風險是：資訊太多，反而可能造成錯判與過度依賴。這被稱為「資訊優勢的反噬現象」。

常見狀況包括：

- ❖ **AI 過擬合錯誤樣本**：當錯誤資料大量湧入，演算法逐漸「學錯」，進而持續強化錯誤判斷；
- ❖ **高階指揮官誤信系統判斷**：太倚賴 AI 建議，忽略現場官兵回報，產生錯誤判斷；
- ❖ **節奏過快導致決策僵化**：過於自信於「秒級反應」，反而對動態調整缺乏彈性。

2021 年 8 月 29 日，美軍在阿富汗喀布爾執行的一次無人機空襲行動中，誤將一名人道援助工作者所駕駛的車輛判定為恐怖分子的炸彈威脅，最終導致 10 名平民死亡，其中包括 7 名兒

第三節 「資訊壟斷」與敵方迷霧管理策略

童。事後五角大廈的內部調查指出,該次誤擊主要源於情報評估失誤及指揮體系對高風險情報的過度信任,未能及時展開充分的人為審查與質疑。隨著 AI 技術日益參與決策流程,若缺乏對 AI 模型訓練資料的嚴格控管與人機協作的平衡設計,將可能放大既有偏誤,導致「資料偏誤連鎖效應」與「人機信任失衡」等新型軍事風險。

這說明:資訊壟斷的代價是極高的責任與高度解釋力需求。

> 資訊不是越多越好,
> 而是越準、越能預見敵人意圖越好

在資訊戰的世界裡,勝利從來不是掌握最多,而是讓敵人掌握最少、錯得最深。

《戰爭論》強調:「敵人非不能行動,而是不知如何行動。」

而資訊迷霧的最高境界,就是讓對手以為他看清一切,實則早已墮入我方設下的資訊陷阱中。

資訊壟斷不代表絕對壓倒,因為資訊是流動的、脆弱的、也可能反噬的。真正成熟的軍事設計,應建立在資訊優勢的「自我約束」、「動態修正」與「敵我互導」的架構中。

第七章　資訊優勢的戰略意涵與決勝瞬間

第四節　由資訊主導的主動突襲與反應機制

「先出手的不必總是勝者,但總比來不及出手的活得久。」

主動權的定義已改變:從地點轉向時間與資訊

在過去的軍事教科書中,「主動權」常被定義為兵力部署優勢、地形控制或武器優勢。然而,隨著資訊化與節奏戰略的崛起,主動權的定義也隨之變革——資訊即主動,時間即武器。

若能先一步知道敵方計畫、先一步判斷敵方節奏、先一步進行部署與壓制,那麼即便火力較弱、位置劣勢,也能透過資訊優勢製造突襲時機,完成以弱制強。

如克勞塞維茲所言:「戰爭的主動,不在於先開戰,而在於先理解節奏,並讓敵人追趕你的行動。」

而這正是資訊主導的突襲戰法——不是傳統「偷襲」,而是一種以資訊壓縮與節奏操控為核心的行動主導策略。

從情報到打擊:資訊主導突襲的四階段流程

根據美軍與以色列國防軍的聯合作戰研究報告(2021),資訊主導突襲的設計邏輯大致包含四個環節:

第四節　由資訊主導的主動突襲與反應機制

1. 資訊交會點辨識

透過 AI 與資料分析，尋找敵方指揮節點、補給節點或節奏斷裂處，作為攻擊切入點。例如：

- 敵軍換防交接時間；
- 對方通訊遮蔽空窗；
- 敵方戰力分散部署階段；
- 敵方情資尚未更新的時間段。

這些即為「節奏失衡點」，是資訊優勢轉為主動突襲的黃金入口。

2. 感知壓制與偵查掩蔽

突襲行動需確保敵方未預見我方行動，須事先進行資訊遮蔽，包括：

- 偽裝通訊與部署行動；
- 攻擊前發動電子干擾，遮蔽我方行動徵兆；
- 利用社群媒體或開源資訊誤導敵方注意力。

此階段目標是創造感知時間差，使敵人在錯誤時機更新情資。

3. 多點節奏壓制

主動突襲時不應只打擊單一目標，而應同時打擊多處資訊節點，讓敵方無法同步處理，進一步拉開 OODA 反應差距。

第七章　資訊優勢的戰略意涵與決勝瞬間

以色列 2021 年對哈瑪斯的打擊行動即採用此法：

- ❖ 在空軍突襲地下隧道同時，干擾加薩區域的無線電與手機網路；
- ❖ 同步於社群平臺釋出假情報，誤導敵方指揮錯誤調兵；
- ❖ 整場作戰控制於 10 分鐘完成第一輪多點節奏打擊。

此舉讓哈瑪斯無從調整節奏，形同「資訊窒息」。

4. 瞬時打擊與動態回收

在突襲成功後，主動方不可留戀戰果，而須迅速完成以下任務：

- ❖ 擷取敵方新應變行為，更新資料模型；
- ❖ 即時調整下一步攻擊或轉進行動；
- ❖ 撤離突襲部隊，避免反擊火力鎖定；
- ❖ 控管戰果流露，維持敵方迷霧。

這種行動邏輯與過去那種「取得據點後轉為固守」大相逕庭，反而更像一場「由資訊節奏主導的打擊節拍秀」。

突襲不再是偷襲，而是節奏壓制的主動打點

資訊主導突襲的核心目標，不在於一次擊潰敵軍主力，而是擊潰敵軍節奏與認知鏈條，其結果常出現以下戰場現象：

第四節　由資訊主導的主動突襲與反應機制

- 敵軍延誤決策，導致誤判；
- 敵軍兵力反應時間差拉大，產生補位空窗；
- 敵軍指揮體系被迫調整部署節奏，整體作戰模式轉為防禦；
- 敵方士氣因不知敵人動向而動搖，出現心理迷霧。

如 2022 年烏克蘭在赫爾松前線反攻時，透過美國衛星與 AI 支援，即事先辨識出俄軍的「戰術迴旋部署週期」，於敵軍尚未完成火力重組前發動夜間多波段干擾，成功奪回多個村落。

這是一場典型的「資訊突襲」—— 不是戰術調度的精巧，而是對節奏理解的精準卡點。

資訊突襲與反應機制的互補模型

在資訊壓制下，突襲雖可創造主動優勢，但若缺乏即時反應機制作為後盾，反而容易因資訊不對稱的反噬效應而失衡。

因此現代軍事設計常同時建立「資訊主動突襲模型」與「節奏變化感應回收機制」：

- 主動突襲使用 AI 導引時機與打擊分配；
- 回收機制偵測敵方反應，若過快即進行掩蔽或轉進；
- 情報循環需建構在「秒級更新」與「動態節奏同步」之上；
- 指揮系統內部設定行動門檻與風險控制值，防止過度擴張。

這樣一來，資訊優勢才不會轉化為戰術貪婪與節奏破綻。

第七章　資訊優勢的戰略意涵與決勝瞬間

> **資訊節奏的主動權，**
> **來自「誰決定什麼時候開始這場節奏比賽」**

突襲從來不只是動作本身，而是誰在資訊與時間上擁有開局權。

當你能在敵方尚未察覺你動起來時，完成第一波打擊，那麼你就不是「進攻方」，你是節奏設定者。

正如魯特瓦克（Edward Luttwak）在《戰略》一書中所說：「主動不是先出手，而是讓對手來不及準備你要出手的那一刻。」

資訊戰的突襲，不是瞬間的，而是預謀的，是以時間為武器的節奏狙擊術。

第八章
網路基礎建設即戰略要地

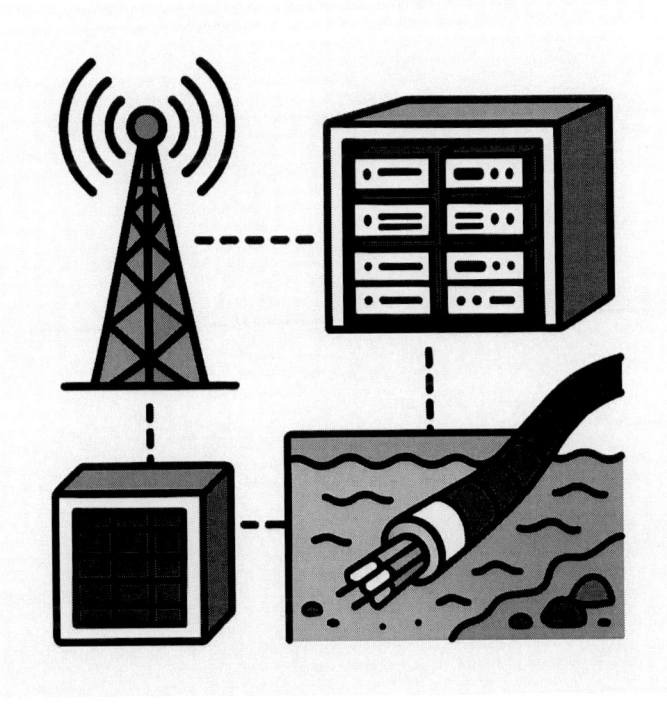

第八章　網路基礎建設即戰略要地

第一節　資通訊基礎設施的軍事化認知

「一旦戰爭延伸到虛擬空間，資訊的載體本身就成了戰場的邊界。」

基礎設施不再只是支援，而是第一線戰略資源

傳統軍事觀念中，「基礎設施」意味著後勤——供應、交通、水電等支援性資源。但在資訊時代，資訊和通訊基礎設施（ICT Infrastructure）已從後勤支援轉化為前線要地。

這些設施包括：

- 城市中的電信機房與交換中心
- 光纖主幹線與節點接點
- 軍民共用之衛星地面站
- 雲端資料中心與資料交換端口（IXP）
- 軍用與民用 5G 基地臺、網路骨幹路由器

克勞塞維茲在《戰爭論》中強調：「一個國家的戰爭潛力，並非僅由其軍事力量決定，而是由其社會整體能動性支撐的韌性與可反應能力決定。」而在資訊社會，這種「能動性」高度仰賴資通訊系統的穩定與可用性。

第一節　資通訊基礎設施的軍事化認知

簡言之，現代戰爭不是從前線打起來，而是從癱瘓一個交換站、一座地面衛星接收器開始。

為何 ICT 設施成為軍事目標？三大結構性原因

一、行動指揮全面數位化，通訊中斷即戰力崩解

現代軍事行動依賴衛星定位、即時視訊協同、資料鏈決策與分散式火力協調。這些系統都必須仰賴穩定的網路骨幹與高速通訊：

- C4ISR 系統需透過地面通訊站進行指令回傳；
- 無人機與自走炮必須由 AI 模組接收雲端回傳即時資料；
- 前線部隊仰賴衛星網路或光纖微波站接收戰術調度指示。

換言之，若中斷 ICT 鏈路，等於讓整個軍隊「聾了、瞎了、也啞了」。戰術單位再強，若無法協同，即淪為靜態標靶。

二、民間基礎設施與軍用系統融合程度極高

由於 5G、衛星網路與光纖骨幹建設多為民間企業所有，軍方為快速布建與節省預算，往往採用「軍民混合使用」模式：

- 使用民用網路供應軍用通訊（如星鏈 Starlink 在烏克蘭戰場應用）；
- 雲端平臺成為作戰資料儲存中心（如 AWS 提供 NATO 資料備援服務）；

第八章　網路基礎建設即戰略要地

- 民間資料交換站（IXP）處理軍事加密訊號與一般網路流量。

這種高度整合讓軍用與民用邊界消融，一旦攻擊「民用設施」，即可能癱瘓軍方作戰系統。因此，這些設施成為優先攻擊目標的同時，也失去傳統「戰爭區分原則」的保護屏障。

三、資訊掌控權即節奏控制權

如前章所述，現代戰爭節奏取決於「誰先取得資訊、誰先完成感知─判斷─攻擊」的循環。而這一切，仰賴 ICT 基礎設施的穩定供應。

一旦這些節點被干擾或摧毀，敵方的資訊壟斷就會出現「節奏落差」，甚至 AI 錯判與火力誤擊。

這種「資訊節奏中斷攻擊」並非毀滅性襲擊，但卻能產生超額戰略破壞力，形成「小打擊、大癱瘓」的非對稱效應。

實戰案例：資訊設施成為戰爭前線的實例

1. 烏克蘭 2022 年戰爭：星鏈成為戰術資產

俄軍初期攻擊重點之一，便是烏克蘭國家電信交換站與基站設施。面對設備癱瘓，烏克蘭透過 SpaceX 提供的 Starlink 設備建立「備援指揮鏈」，成功維持前線通訊，並將其當作「戰術延伸工具」：

- 前線部隊可將無人機空拍即時回傳給指揮中心；
- 各地志願防衛隊使用星鏈聯絡協調防禦行動；

第一節　資通訊基礎設施的軍事化認知

❖ 軍事 AI 系統透過星鏈持續運作。

該事件讓全球首次明確看見「民用衛星通訊基礎建設轉化為軍事核心節點」的具體模式。

2. 伊朗核設施攻擊事件：資料中心的戰略脆弱

2010 年「震網病毒」（Stuxnet）事件中，美以聯合部署電腦病毒攻擊伊朗納坦茲核設施的控制系統。該病毒透過資料鏈滲透、感染 SCADA 工控系統、導致鈾濃縮機器錯誤運轉。

雖無炸彈落下，卻癱瘓整個設施運作超過一年。這場沒有硝煙的資訊設施攻擊，揭示出：網路硬體本身，就是新的戰略攻擊目標。

3. 美國對中國的海底電纜審查與監控政策

自 2018 年起，美國對中國科技企業主導或參與的跨太平洋海底電纜計畫實施日益嚴格的審查與技術限制。以「太平洋光纖網路計畫」（Pacific Light Cable Network, PLCN）為例，該計畫原計劃由 Google 與 Facebook 聯合投資，並由中國企業鵬博士電信媒體公司（Dr. Peng）旗下的子公司承建部分海纜路段，但由於國安疑慮，最終美國政府駁回連接香港段的申請。此案成為中美科技競爭下「數位基礎建設審查制度化」的典型轉捩點，象徵跨境通訊網路已正式納入地緣戰略範疇。

其戰略邏輯明確：控制全球數位通道，就能控制資訊流的主權與戰爭潛勢調度能力。

第八章　網路基礎建設即戰略要地

數位堡壘的重塑，從無形變為可摧毀

ICT 基礎設施早已從「輔助性建設」升級為「戰略軍事目標」，而這樣的變化仍未被多數社會充分理解。

就像克勞塞維茲所言：「當社會結構改變，戰爭形式也必須隨之轉化。」

在資訊社會中，戰場不再只有坦克、士兵與導彈，而是延伸到每一條光纖、每一個伺服器、每一筆資料的流通路徑。

第二節　雲端與資料中心的防護與脆弱性

「資料所在之處，權力便將集中。」

雲端不是漂浮在天上，而是藏在地底的資料心臟

雖然「雲端」這個詞給人一種虛無飄渺的感覺，但實際上，它是由全球數以萬計的實體資料中心構成的龐大網路。這些資料中心往往集中於城市邊緣的工業區、冷卻系統良好的山區，或地理穩定帶。它們儲存著：

- 軍事 C4ISR 指揮系統資料
- 國家級 AI 判斷模型與模擬運算平臺
- 政府與企業所有的通訊紀錄、定位資料、財務流通資訊

第二節　雲端與資料中心的防護與脆弱性

❖ 戰場監控衛星資料、無人機即時畫面儲存備援

這些資料中心構成了現代國防體系最核心的後端，也是最關鍵的風險集中點。

克勞塞維茲曾說：「戰爭是國家意志與制度動員的延伸。」在 21 世紀，這種制度動員的神經中樞，不再是總統府或國防部，而是那些散落各地、外觀不起眼但內部運行著億萬筆機密的資料中心。

為何雲端成為軍事死穴？三個致命脆弱點

一、集中性高、分散性假：高價值目標難替代

儘管多數雲端系統採用「分散式儲存」設計（如 AWS、Azure 的多區備援架構），但實際上，大量敏感資訊與運算功能仍集中於特定資料中心群。

舉例來說：

❖ 美國國防部的 JEDI 計畫原先即規劃由單一資料商（Microsoft）提供雲端統一架構；

❖ 以色列 IDF 與 Google Cloud 合作，將大數據戰術分析系統部署於特定地區資料中心；

❖ 臺灣政府的電子身分驗證系統主機，也僅有兩處具備全面備援條件。

第八章　網路基礎建設即戰略要地

這表示，只要癱瘓單一機房或擊毀其電力與冷卻系統，便可能造成全面軍政指揮中斷。

二、物理防護薄弱：虛擬世界的實體破口

多數資料中心雖具備網路安全設計（如 DDoS 防護、加密模組等），但在實體安全上卻遠不如傳統軍事設施：

- 外觀多為一般工業廠房，缺乏重裝保護或偽裝；
- 地面通訊線路易受破壞，如光纖斷裂即失能；
- 冷卻系統與供電設備分散於易攻區域，如電磁干擾或特製導彈可精準攻擊。

2022 年 2 月，俄羅斯特種部隊在烏克蘭基輔郊區一度試圖突襲一處雲端備援中心，其內部儲存包括防空系統部署資料與指揮官行動路線。該行動最終雖失敗，但證實資料中心已被視為可物理突擊的軍事目標。

三、地緣政治介面：國際雲端資源受控於少數國家

目前全球雲端資源集中於四大供應商：

- Amazon AWS（美國）
- Microsoft Azure（美國）
- Google Cloud（美國）
- 阿里雲（中國）

第二節　雲端與資料中心的防護與脆弱性

這表示，多數國家的雲端防衛實際上是架構於國際商業公司與地緣政治風險下。

例如：

❖ 歐盟對美國 Cloud Act 表達高度疑慮，認為其違反歐洲數據主權；

❖ 臺灣企業若部署於 Google Cloud，在臺海衝突發生時是否仍有可用性？

❖ 日本自 2021 年起開始建構本土雲端主權平臺「GAIA-X Japan」即為因應這類風險。

這些問題說明：雲端不是無國界的，而是潛藏主權與攻防糾葛的戰場。

防護機制的建構與限制：從三層架構思考

根據北約資訊防衛中心（CCDCOE）建議，國家級雲端防衛應分三層建構：

第一層：實體空間安全

❖ 強化資料中心實體防禦：地堡化設計、防彈牆與反突襲系統；

❖ 將中心設於地震少、干擾源低的戰略穩定區域（如冰島或阿拉斯加）；

❖ 關鍵設備分區設置，如電力與冷卻系統分隔存放。

第八章　網路基礎建設即戰略要地

■ 第二層：網路與加密層

- ❖ 建立國家級加密通訊通道，避免商用平臺洩密；
- ❖ 發展抗量子攻擊的演算法（如 PQC）；
- ❖ 採用多重身分驗證與異常行為監測 AI 防內部滲透。

■ 第三層：策略冗餘與資料快照備援

- ❖ 與盟國建立資料跨境備份協議（如歐盟之「資料避難所」政策）；
- ❖ 建構非連線式冷備份區，避免遭病毒或勒索軟體同步破壞；
- ❖ 採用空中資料中心（如 Amazon Kuiper 或中國天通系統）於戰爭爆發時提供臨時接續能力。

然而，這些系統雖強，但仍無法完全杜絕高強度衝突下的癱瘓風險，特別是在資訊攻擊與實體破壞同步出現的混合戰環境中。

雲端，既是神盾，也是阿基里斯之踵

雲端系統已成為國家治理與軍事行動的中樞，但其結構性脆弱亦如同《戰爭論》中所言：「越集中的力量，越容易被尋得弱點。」

在資訊戰邏輯下，敵人未必會從邊境進攻你，而是尋找你哪個資料中心過熱、哪段光纖沒備援、哪筆 AI 演算模型未加密，

從那裡破口而入。

而作為防守方，應將雲端視為一座座無形碉堡，為其建構堅不可摧的數位護城河 —— 不僅是技術，更是戰略設計。

第三節　海底電纜與數位邊界的戰略地理

「掌握通訊路線者，不只主導資訊流，更有能力切斷敵人的聲音與視野。」

什麼是海底電纜？為何它是新世代的「戰略邊界」

海底電纜（Submarine Communications Cable）是世界資訊傳輸的命脈。目前全球約有 480 條主幹海底電纜網絡，全長超過 140 萬公里，負責全球超過 95% 的跨境資料傳輸，包括：

❖ 跨國軍事指令（如 NATO 各國之間的聯合行動資料）；
❖ 金融交易與國際匯兌資料；
❖ 全球企業雲端備份與通訊協調；
❖ 衛星地面站與資料中心的高速通訊對接。

這些海底電纜多為民營公司投資（如 Google、Facebook、中國移動等），但其地理布局、節點控制、維運節奏卻深刻影響國家資訊主權與軍事即時反應能力。

第八章　網路基礎建設即戰略要地

克勞塞維茲在《戰爭論》中提出「戰略地理」的觀點——軍事控制權並非來自國土大小，而在於能否控制敵我之間的行動通道。

在 21 世紀的戰爭中，這些通道便是海底電纜與全球資料節點。

海底電纜的戰略脆弱性：三大結構性風險

一、路徑集中，攻擊門檻低

儘管全球海底電纜看似龐雜，其實主要資訊流量高度集中在少數幹線與幾個「資訊瓶頸」上：

❖ 美西至日本與臺灣的太平洋幹纜；

❖ 英國多佛海峽的英歐主纜；

❖ 新加坡至馬來西亞、菲律賓的亞洲主樞紐；

❖ 南海至印度洋的全球南向纜路。

這些地段一旦遭切斷，將造成一整區域的資料流癱瘓或極端延遲。

攻擊門檻極低：不需要飛彈、不需要駭客，僅需一艘配有水下機械臂的潛水船或無人潛航器即可完成破壞。

2023 年，北歐數條海底光纖電纜遭疑似軍用潛艦切斷，引發瑞典、芬蘭與挪威政府全面警戒。這證明，資料戰已從雲端

第三節　海底電纜與數位邊界的戰略地理

延伸至海底,且實體攻擊成為常規選項之一。

二、法律地位模糊,難以防衛

海底電纜通常鋪設在「公海」或「經濟專屬區」(EEZ),這使得在國際法上防衛它們變得極為棘手:

❖ 公海不屬於任何主權國家,軍艦行動合法但不受限;

❖ EEZ 內雖有經濟權益,但軍事行動未必違法;

❖ 電纜公司常屬私人企業,政府難以主動布建武裝保護。

這使敵對國家或非國家武裝勢力得以透過灰色地帶行動,達成戰略破壞目的而無法被定性為「開戰」。

三、難以即時修復,造成戰術延遲

一條海底光纖若被破壞,修復時間通常需 3～21 日不等,尤其在風浪區或地形複雜的海域更久。軍事行動若依賴該通訊路線,將產生:

❖ 無法即時回報戰況;

❖ 遠距指揮體系斷裂;

❖ 無人載具回傳延遲,AI 決策系統無法即時調整策略。

換言之,電纜斷一條,戰區失聯一整片。

第八章　網路基礎建設即戰略要地

全球戰略對抗下的「電纜圍堵戰」

中美、俄歐近年在海底電纜領域的戰略布局已明顯展開：

▋美國：資訊主權與路線掌控政策

- 拒絕中資主導的「太平洋光纖計畫」(PLCN)，並封鎖其經洛杉磯登陸。
- 將海底電纜視為「關鍵基礎設施」，納入國安部門與海軍防護計畫。
- 鼓勵 AWS、Google、Meta 自行鋪設具主控權的專屬資料通道。

▋中國：以電纜滲透鋪設「數位絲路」

- 推動「華為海洋網絡」在非洲、中亞與南太鋪設自主電纜；
- 透過「一帶一路」將中國網路骨幹直接延伸至中東與歐洲；
- 擬建「北極海路電纜」以避開傳統南海線路，降低被制裁風險。

▋歐洲與臺灣：建構自主備援網格

- 歐盟資助歐洲主權電纜網（Eurofiber）並推動歐洲間去美化通訊路徑；
- 臺灣近年持續推動海底電纜登陸點的多元化與分散化，以提升通訊韌性、降低單點故障風險。原本集中於新北南港、淡水等地的登陸點，逐步擴展至宜蘭頭城、屏東枋山、臺東大武等區域，以因應日益嚴峻的地緣風險與網路安全挑戰。

這些行動證明：海底電纜已成為數位主權的邊界與戰場的第一線。

數位邊界的戰爭地理學，藏在看不見的海底

在資訊戰的時代，疆界不是牆、不是關卡，而是光纖與節點。

如《戰略》作者魯特瓦克所言：「現代戰爭的起點，不再是陣地推進，而是節奏與頻寬的主導。」

誰掌握電纜，就能主導一國的資料出入節奏，也等於能在戰時切斷其思考、反應與對外溝通能力。

而防守者的任務，不只是部署艦隊與飛彈，更要懂得守護每一條光纖、每一個節點，為數位邊界建構出一套真正的海底戰略地圖。

第四節　基礎建設癱瘓的連鎖衝擊模型

「軍事打擊不一定落在軍隊頭上，有時，只需要讓電力停止、讓訊號斷線，就足以癱瘓整座國家。」

癱瘓不是毀滅，而是讓整個系統崩潰

資訊戰最具威脅性的一點，不是打擊軍隊本身，而是對整個「國家行動能力系統」造成非對稱性癱瘓。

第八章　網路基礎建設即戰略要地

所謂「系統癱瘓」（Systemic Paralysis），是指關鍵基礎建設受到破壞後，其直接影響不會只停留在該系統，而會牽動整個國家運作的多個子系統連鎖瓦解。這正是現代軍事攻擊的新邏輯：「攻其不備，癱其全局」。

從戰略理論上看，此一模式可與系統科學家史塔福德‧比爾（Stafford Beer）提出的「Viable System Model」相互對照：只要關鍵節點失能，其餘子系統即使完好，也會因無法協調與調度而停擺。

四層次衝擊：從軍事指揮到社會秩序

當基礎設施癱瘓，其連鎖衝擊大致可分為以下四層次：

一、軍事系統：指揮鏈中斷、節奏失控

- C4ISR系統無法正常運作，無人機與前線部隊失去指令與回報能力；
- 火力協調平臺無法即時計算距離與目標資訊，精準打擊轉為「盲射」；
- 指揮層誤判戰況，甚至因資訊延遲作出錯誤戰略轉移，錯失最佳防線建構時機。

實例：2022年烏克蘭多次以電子干擾器與通訊攻擊破壞俄軍地面指揮所，使其火炮與坦克支援遲緩，加速其在哈爾科夫戰線的潰退。

二、政治系統：決策與民心同步瓦解

- ❖ 高階政府部門通訊不通，跨部門資訊協調失靈；
- ❖ 行政中樞無法與軍方、民防、醫療等單位同步，產生決策錯位；
- ❖ 社群與媒體傳播訊息失準，輿論恐慌蔓延，民眾失去信任基礎。

以色列高級國防記者阿龍・班－大衛（Alon Ben-David）指出：「當通訊癱瘓超過 4 小時，人民將不再相信政府。」這不是管理問題，而是心理秩序與國家象徵的瞬間崩解。

三、經濟體系：金融與產業鏈停擺

- ❖ 資料中心癱瘓導致金融交易無法清算、支付系統凍結；
- ❖ 電子物流與供應鏈資訊失效，貨物無法分配、工廠停擺；
- ❖ 加密貨幣與數位資產被阻斷或遭竄改，造成區塊鏈網絡信任崩潰。

2021 年美國 Colonial Pipeline 遭駭客勒索後，東岸油品供應中斷，不只是交通問題，而是觸發股市震盪與企業鏈斷裂，顯示基礎建設之於金融穩定性的根本角色。

四、社會系統：生活中斷與秩序解體

- ❖ 民眾無法取得即時資訊、醫療救援與緊急避難指南；
- ❖ 謠言與假訊息大量擴散，群體性恐慌與社會失控事件（搶購、暴動）增加；

第八章　網路基礎建設即戰略要地

❖ 城市交通、電力、水源受感測系統癱瘓影響，全國進入「生活停擺」狀態。

這些狀況並非誇張。在戰爭初期的馬立波，俄軍即針對通訊與水電系統進行破壞，導致數萬人斷水斷電數日，不僅加重民生負擔，更讓心理恐懼全面爆發。

如何建構抵抗連鎖癱瘓的「戰略韌性系統」

若一切皆建構於單一系統上，便會讓敵人有一擊斃命的機會。為此，多數現代國家開始發展「戰略韌性系統」作為應對：

1. 系統冗餘：設立多層備援與多源鏈接

❖ 軍方與政府主通訊須設多軌資料通道，如地面光纖＋衛星＋高頻無線電；

❖ 資料中心與重要伺服器建構冷備區、空中備份、海外快照；

❖ 政策性要求金融、醫療、交通等系統具備「離線維運」能力。

臺灣即採用「國家級備援計畫」，將中央災防中心與行政院建構互為主副的分散備援機制，必要時可自動切換維持運作。

2. 模擬操演：平時演練癱瘓情境與快反節奏

❖ 各級指揮系統定期執行「資料中心失效演習」與「節點遭斷操演」；

第四節　基礎建設癱瘓的連鎖衝擊模型

- ❖ 地方政府建立「無訊號指令機制」與「快報分工計畫」；
- ❖ 民防單位接受數位黑箱演訓，如透過簡訊或衛星手機執行基本通報。

例如芬蘭、瑞典與愛沙尼亞皆將「無網社會模擬」納入常態性演練，確保即使資訊中斷，也能維持社會最低運轉。

3. 區塊鏈式資料分散架構

- ❖ 採用非中心化、即時同步的區塊鏈式儲存，減少「擊中一點癱瘓一網」風險；
- ❖ 加密與資料隱寫（Steganography）結合，避免一旦被截獲即造成國安資料洩漏；
- ❖ 結合人工智慧異常監控，提早預測可能癱瘓點。

北約與歐盟多國已著手建構區塊鏈國防記錄系統（如兵力、彈藥、戰場定位等），提高抗破壞與存活性。

> **戰爭的第一擊，可能不是飛彈，而是一段被剪斷的纜線**

如同《戰略》作者魯特瓦克指出：「現代戰爭的威力，在於看不見的第一波行動，足以令對手無聲無息地失去行動能力。」

在這樣的戰爭架構下，癱瘓不只是技術問題，而是心理、社會與治理層級的全面震盪。

第八章　網路基礎建設即戰略要地

　　你不需要摧毀對方，只要讓他不再能行動、不再能信任自己系統、不再能被信任。

　　而這樣的戰爭模式，讓基礎建設不再只是工程問題，而是國防、政治與社會穩定的多維生命線。

第九章
認知操作：從資訊流到信仰操縱

第九章　認知操作：從資訊流到信仰操縱

第一節　認知戰的核心：資訊如何形塑信念

「在現代戰爭中，摧毀敵人的信念，比摧毀敵人的坦克來得有用。」

從物理戰到心理戰：信念即兵器，資訊即導火線

傳統戰爭中，勝利常被視為奪取地盤、殲滅敵軍。但在資訊時代，勝負的關鍵轉移到另一個空間——認知領域。

也就是說，現代戰爭的首要戰場，不在敵國疆界，而在敵人的腦中。

根據《戰爭論》，克勞塞維茲早在十九世紀便指出：「戰爭不是物理力量的單純比拼，而是意志的對撞。」而在二十一世紀，這股意志可以透過資訊流、視覺影像、語言修辭與社群演算法被改寫、削弱，甚至轉向。

這便是認知戰（Cognitive Warfare）的精髓：

「以資訊輸入為槓桿，干預、重塑甚至癱瘓對方的信念系統，使其在毫無物理攻擊下，自我解構。」

資訊如何進入信念？認知戰的四階段滲透模型

根據北約 2021 年發布的《認知戰白皮書》與心理學家丹尼爾·康納曼的「雙系統理論」（System 1 & 2），資訊影響信念的

第一節　認知戰的核心：資訊如何形塑信念

過程可劃分為四個階段：

1. 暴露（Exposure）：讓目標群體重複接觸某一資訊

這是「熟悉性偏誤」的基礎。當某資訊重複出現，即使是錯誤的，人類大腦會自動降低質疑力。

實例：2020 年美國大選期間，社群平臺上「選票舞弊」的假訊息，在無論左派右派的群體中都反覆流傳。根據 MIT 研究，平均每個選民接觸該假訊息的次數高達 7.3 次，導致即使官方澄清，也有超過四成民眾依然相信舞弊存在。

2. 框架設定（Framing）：資訊如何被包裝與命名

語言不是中性工具。不同的說法會導致不同的信念與情緒反應。例如：

- 稱對方為「戰犯」或「愛國者」會引導不同道德判斷；
- 使用「行動解放」代替「入侵占領」會模糊責任邊界；
- 把經濟衰退說成「結構調整」可延後政治問責。

這正是語言學家喬治・萊考夫在其著作《別想那隻大象！》（*Don't Think of an Elephant!*）中所言：「語言是意識的建築工。」

3. 情緒觸發（Affective Activation）：讓認知反應搭配情緒記憶

資訊本身不必完整、正確，但只要能觸發情緒，就能影響信念建構。

- 恐懼：使群體支持極端政策（如戰時戒嚴）；

第九章　認知操作：從資訊流到信仰操縱

- ❖ 憤怒：激起集體仇敵情緒，為戰爭動員提供心理燃料；
- ❖ 哀傷與懷舊：誘導人們對特定政權或過去時代產生美化認同。

認知戰的目的不是說服你，而是讓你在情緒作用下自我合理化你所接受的資訊。

4. 社群迴音（Echo Reproduction）：透過演算法強化迴音室效應

現代社群平臺會根據你的點擊習慣，推薦類似內容。這使人身處同溫層，不易接觸不同觀點。

資訊輸入→群體認同→社群擴散→強化信念→排斥異見。

這就是認知戰中最難抵禦的部分：你以為自己在思考，其實只是被平臺操控在相信。

當認知戰進入國防：
從士兵操練到整體國民心理戰備

認知戰不再只是心理戰部門的責任，而被視為整體國防戰略的一環：

1. 軍事單位的「認知衛生演訓」

- ❖ 瑞典國防部設立「數位感知訓練營」，每位官兵在基礎訓練時即學習如何辨識假訊息、操作影像與敵我資訊鑑別；
- ❖ 以色列 IDF 設立「認知戰研究處」，不只蒐集敵方輿情，更訓練士兵在社群平臺上的訊息應對能力。

2. 民防系統導入「資訊防疫」模組

- 芬蘭政府推行「資訊識讀課程」納入高中公民教育；
- 愛沙尼亞設立「認知防衛志工網路」，由各界公民協助監測假訊息流入，並向政府通報資訊源。

這些機制的背後共通邏輯是：認知早已成為領土的一部分，守護信念就等於守護邊界。

認知攻擊的現場：烏俄戰爭中的信念戰爭

2022年俄羅斯入侵烏克蘭的戰爭，堪稱認知戰的教科書案例。

俄方操作方式包括：

- 在入侵前數週不斷釋出「烏克蘭正在攻擊頓巴斯人民」的影片（多為虛構或過期資料）；
- 大量投放「納粹化的烏克蘭政權」敘事，試圖形塑道德正當性；
- 入侵後動員國內新聞媒體，禁止使用「戰爭」一詞，統一使用「特別軍事行動」。

相對地，烏克蘭則：

- 利用澤倫斯基的即時自拍與視頻廣播強化民心士氣；
- 借力國際社群媒體操作「小國對抗大國」的敘事，吸引全球支持；

第九章　認知操作：從資訊流到信仰操縱

- ❖ 發動「開源反戰行動」，由公民與駭客集體監控俄軍行蹤並回傳即時戰情。

結果：

烏克蘭雖處於物理戰劣勢中，卻成功主導國際輿論戰與國內信念維繫，形成認知上的逆轉優勢。

現代戰爭，輸在相信，贏在懷疑

認知戰的真正可怕之處，不在於它的傷害力，而在於它讓你不知道自己正在被戰爭。

它不會砲聲隆隆，也不會見血，而是讓你點開每一則「訊息」，都以為是你的選擇。

如克勞塞維茲提醒我們：「戰爭的本質在於意志的較量。」而當資訊就是形塑意志的工具，戰場已不是疆界，而是你的信念。

第二節　操控語境、
　　　　情緒與集體知覺的技術

「若你能命名事物，你就能主導思考。若你能誘導情緒，你就能奪走行動的主權。」

不打資訊，而打解釋權：語境即戰略武器

認知戰的第一階段，不是設計假訊息，而是設計語境（Framing）。

語境，不是內容，而是內容背後的解釋邏輯與價值框架。例如：

- 是「反恐行動」還是「侵略戰爭」？
- 是「和平維持部隊」還是「占領軍」？
- 是「民族自決」還是「分裂主義」？

這些語詞使用上的微差，正是語境操作的關鍵。

如克勞塞維茲在《戰爭論》中指出：「戰爭的第一場勝利，是說服自己的人民此戰值得發動。」

而在資訊戰時代，這場說服不再透過國會辯論，而是透過語言選擇、情緒引導與群體知覺管理。

第九章　認知操作：從資訊流到信仰操縱

> **語境設計三大技術：**
> **語言不是中性，是戰略建築**

1. 框架誘導：把現象包進「可接受的故事」

語言學家萊考夫指出：「人不會直接理解事實，人只能透過語言框架理解世界。」

實務上，框架誘導包含：

- **正當化框架**：將攻擊行動包裝為「義務」、「使命」、「救援」；
- **惡魔化框架**：將敵人描述為「非理性」、「危險」、「背叛歷史」；
- **英雄化框架**：強調自己是歷史的延續者、文明的守護者。

案例：2022 年俄羅斯入侵烏克蘭前，普丁不斷在演說中強調「烏克蘭並非真正國家，而是俄羅斯歷史的一部分」，透過語言框架抹消其主權正當性，為後續軍事行動創造語義基礎。

2. 轉喻操作：用一個詞操控整個印象

轉喻是語言中將一個元素代替整體的修辭技巧。在資訊戰中，這是一種潛移默化重塑認知的方法：

- 將所有反抗軍稱為「恐怖分子」，即便其實包含平民；
- 將敵軍稱為「武裝集團」，降低對方軍隊的正規性與合法性；
- 用「和平行動」包裝實際的空襲或掃蕩。

這種技術能快速誘導民眾建立情緒連結，而非理性判斷。例如，美軍在 2003 年伊拉克戰爭中，大量使用「震懾與敬畏行

第二節　操控語境、情緒與集體知覺的技術

動」(Shock and Awe) 作為心理框架，事後證實此用詞極大壓抑反戰言論，促進民意支持。

3. 價值錯配：讓對象違反其原有道德位置

這是一種更深層的語境操控，透過語言將本應具道德正當性的對象，轉化為可質疑、可指控的行動者。

例如：

- 稱難民為「經濟移民」或「邊界壓力製造者」，淡化人道意涵；
- 將和平運動者稱為「間諜」、「散播假訊息」，破壞其聲望；
- 把中立國媒體形容為「資訊不清」、「不幫忙反戰」，製造輿論壓力。

這些操作不在於改變事實，而在於重寫事實的道德意涵，使得公眾在情緒上難以同理，進而接受高壓或攻擊手段。

情緒作為武器：資訊戰的心理觸發策略

資訊不靠邏輯贏得戰爭，而是靠情緒抓住人心。以下是認知操作中常見的四種情緒武器：

1. 恐懼觸發

- 不斷播送敵軍迫近、社會崩壞、疾病擴散等訊息，創造持續焦慮；

第九章　認知操作：從資訊流到信仰操縱

- ❖ 擴大敵對行動的暴力畫面，製造「敵方野蠻」的形象；
- ❖ 讓民眾自覺「除了服從強勢領導，無法自保」。

這種策略常見於緬甸軍政府、北韓政權與過去 ISIS 的輿論操控之中。

2. 羞辱與仇恨引導

- ❖ 揭露過去敵人對本民族的歷史壓迫，創造集體復仇敘事；
- ❖ 強調敵人踐踏道德底線，如攻擊學校、醫院或宗教象徵；
- ❖ 使用嘲諷與貶義字詞刺激仇恨與去人性化想像。

如 ISIS 使用影片播出處決畫面搭配「榮耀與羞辱」的敘述，催化新成員招募。

3. 同理錯置

- ❖ 利用受害者形象，轉移群體的情緒資源；
- ❖ 將社會注意力導向「我們也在受苦」，淡化加害事實；
- ❖ 讓加害者變成受害敘事中的一環，形成複雜混淆的倫理場景。

例如俄方媒體在馬利烏波爾轟炸後，不強調受害平民，而是報導俄方援助物資如何被攔截，製造出「我們也試圖幫助，只是他們拒絕」的情緒錯置。

4. 懷舊催眠

- ❖ 召喚群體對過去「榮光時代」的集體記憶，如帝國時期、冷戰榮耀；

第二節　操控語境、情緒與集體知覺的技術

- ❖ 建構「我們失去了什麼」，進而合理化「我們要拿回來」的行動；
- ❖ 讓民族情緒成為攻擊正當性的心理基礎。

如中國「大國崛起」敘事與俄羅斯「重建斯拉夫榮耀」皆屬此技術的應用。

集體知覺的打造：演算法與心理節奏的操控配合

現代資訊操作早已不再靠單一文宣，而是透過演算法精算與心理時間節奏管理構成高效的集體知覺重構：

- ❖ **資訊時間差設計**：讓特定訊息比對手早 30 分鐘抵達社群，即可占領輿論節奏；
- ❖ **話題接力放大**：由多個假帳號與網紅同步帶風向，使錯誤訊息短時間內進入主流對話；
- ❖ **視覺搭配節奏操控**：操作影片播放節奏、語音情緒強度與圖像內容，引導觀看者從情緒上「接受」內容。

2021 年以色列對哈瑪斯之資訊戰即顯示：在 48 小時內透過網軍操作、視覺傳播與新聞協作，將一則虛構的「哈瑪斯地道炸彈庫」故事擴散至主流國際媒體，迫使敵方被動應對。

資訊可以說謊，但語境可以讓你相信謊話

認知操作不是靠說服，而是靠「讓你自己相信你看見的東西」。
語境是刀、情緒是火，而社群就是整個火場。

第九章　認知操作：從資訊流到信仰操縱

克勞塞維茲認為：「戰爭的最高形式，是讓對方因信念錯誤而自我瓦解。」

這場戰爭，不見槍林彈雨，但每一次點擊、每一段詞句，都是計算好的攻擊角度。

第三節　社會媒體如何成為政治武器

「若你能主導人們每天看到的 10 則訊息，你就能決定他們支持什麼、懼怕什麼、反對什麼。」

社群媒體從工具到武器的三階段演變

過去我們習慣將社群媒體視為工具——連結人群、分享想法。但在資訊戰演化下，它已成為政治軍事結構的一部分，不再中立、不再單純，而是具有以下三重屬性：

- **訊息放大器**：可在短時間內讓單一敘事擴散至數百萬人；
- **情緒轉譯器**：以影像、語音、文字的方式塑造集體感受；
- **行動發動器**：結合平臺設計與心理學誘因，引導線下行動與政治動員。

在認知戰的邏輯裡，控制平臺＝控制注意力流＝控制認知建構權。

第三節　社會媒體如何成為政治武器

政治武器的機制之一：資訊流的演算法操控

社群平臺不只是訊息載體，更是一套由商業與控制邏輯驅動的演算法運算器。

1. 注意力經濟即戰略經濟

社群平臺設計的演算法本質在於：

「誰能製造最多點擊與互動，誰就能占據最多版面與記憶。」

而這正好與資訊戰的目標一致：創造注意力集中點，並排除其他聲音。

- 任何足夠煽動、足夠極端、足夠爭議的內容，會被系統放大；
- 較為中立、理性或無情緒張力的內容則被稀釋；
- 結果是「情緒導向的資訊泡泡」形成，成為政治與戰爭動員的情境基礎。

2. 精準針對，資訊武器化

透過使用者的點擊、停留、互動數據，演算法能計算出個人的政治傾向、恐懼點與社會角色，進而進行微型訊息定向投放：

- 對年輕人推送「自由受限」的焦慮型內容；
- 對年長者推送「社會崩壞」與「秩序喪失」的議題；
- 對女性使用更多「家庭安全」與「子女未來」的情緒模板。

第九章　認知操作：從資訊流到信仰操縱

這種做法已被應用於：

- 2016 年美國總統大選（劍橋分析案，透過 Facebook 精準定向影響投票意願）；
- 2020 年緬甸軍事政變後，軍政府使用社群平臺散播羅興亞穆斯林仇恨訊息，引發種族清洗；
- 2022 年俄烏戰爭中，雙方均使用 Telegram 與抖音投放軍民動員訊息，其中烏方運用社群空拍影像與個人故事成功構築國際輿論支持。

政治武器的機制之二：群體行動與輿論節奏的操控

社群平臺也是行動的召喚器，透過其「即時同步」與「去中心化指令」特性，使其具備以下三大政治操控功能：

1. 行動編碼與散播

社群平臺中的「Hashtag（主題標籤）」與「挑戰行動」被用來作為隱性軍事或政治行動的編碼機制。例如：

- ＃我在抗議：可視為對某地集會的統一宣示；
- ＃關掉發電站：暗示破壞基礎設施的行動合法化；
- 「我不是機器人」挑戰：用於召喚匿名攻擊某一政權的數位行動。

這些行動透過視覺符號、音樂節奏與共通表情，建立集體身分，使參與者感到「我是歷史的一部分」。

2. 突襲式心理攻擊

結合 TikTok 與 Instagram 的快速瀏覽模式，操作者可將特定情緒訊息以 15～60 秒節奏打入公眾視野，造成「突襲式記憶植入」：

- 搭配音樂、表情、配音敘事，快速引導價值判斷；
- 利用名人或虛擬帳號操作「迷因式洗腦」效果；
- 多重帳號於短時間內同步播放同樣內容，製造「這就是大家的感覺」錯覺。

這種操作方式在中東戰場、烏克蘭戰場甚至臺灣社會輿論操作上皆有跡可循。

3. 迴音室製造與敵人邊緣化

當社群平臺將使用者鎖進同溫層時，便會自動排除不一致資訊，這使得異議聲音被邊緣化，進而形成群體極化現象：

- 對戰爭支持的立場越來越強硬，對和平主張越來越排斥；
- 對反政府言論的敵意升高，視為「背叛者」或「不愛國」；
- 對敵方言論進行「人格否定」而非「觀點辯論」。

結果不是共識，而是情緒對立結構的穩定化，這正是資訊戰中「削弱敵國內部凝聚力」的核心目標。

第九章　認知操作：從資訊流到信仰操縱

> **防守者的困境：平臺非我有、輿論非我控**

社群媒體的武器化之所以難以防禦，最大問題在於：

- **平臺並非國有**：大多數主流平臺（Facebook、YouTube、X）掌握在跨國公司手中，政府只能被動依賴其政策與審查速度；
- **帳號真假難辨**：大量虛假帳號與 BOT 可迅速偽裝為在地公民，混淆內外輿情邊界；
- **言論自由悖論**：民主社會無法對特定言論直接封鎖，導致敵對敘事可能在自由環境中反向擴散。

臺灣、美國、烏克蘭與愛沙尼亞等國，已開始建立「資訊防衛部門」來應對此挑戰，如：

- 跨部門資安監控與應變機制（如臺灣的數位發展部與國家資通安全研究院）；
- 數位韌性民間平臺（如臺灣的「Cofacts 真的假的」、台灣事實查核中心與 MyGoPen）；
- 快速查證與澄清系統（結合政府澄清窗口與民間協作，發現假訊息後即時應對與回應）。

然而，這些系統仍屬防守性質，面對高度節奏化、影像化、國際化的資訊攻擊，政府多半仍慢半拍、弱半層。

誰控制平臺，誰就能播種信仰與敵意

社群媒體之所以可怕，不是因為它能傳遞訊息，而是因為它能設計你的注意力、選擇你看的東西、排除你應該質疑的資訊。

如美國政治學家彼得・沃倫・辛格（Peter Warren Singer）指出：「現代戰爭的火箭，不再來自火藥，而來自短影片與短句子。」

而這些武器不需軍隊操控、不需國會批准，只需演算法與螢幕前的你。

第四節　認知空間即戰場的戰略新維度

「奪下敵人的疆界，不如奪下敵人的信念；占領一座城市，不如占領其人民的思維。」

從三域到五域：戰爭邏輯的空間革命

傳統軍事理論認為，戰爭發生於三個空間：陸地、海洋、空中，後來延伸至網路與太空。但隨著資訊戰與心理戰的精密化，NATO 與中國、俄羅斯等大國開始提出一個全新的概念：認知空間（Cognitive Domain）。

什麼是認知空間？

第九章　認知操作：從資訊流到信仰操縱

它不是地理疆界，而是人類思考、情緒、信念與行動之間交織而成的心智場域。

它的戰爭邏輯不在「控制地形」，而在「控制感知」。

根據 NATO 2021 年所發布的《認知戰白皮書》指出：

「控制認知空間不再是戰爭的附屬手段，而是戰爭的前線本身。」

認知空間的三大結構：誰控制它，誰主導戰局

1. 感知輸入結構

這包括所有能讓群體接收資訊的管道，如：

- ❖ 社群媒體與新聞平臺；
- ❖ 教育與文化制度（如課綱、教材、影劇）；
- ❖ 宗教與傳統信仰語彙系統；
- ❖ 公共儀式、紀念活動與儀典語言（如閱兵、悼念、國慶影片）。

控制這些結構就能決定人民看到什麼、怎麼看、是否質疑、是否行動。

案例：中國透過中央電視臺與社交媒體控制「民族復興」的敘事，不僅形成強烈的集體認同，也對外部衝突形成「道德優越感」的感知結構。

2. 認知演算法介面

這是讓認知「內部化」的系統工具，如：

❖ 演算法推薦機制；

❖ 人工智慧對話模型與知識平臺（如百度文心一言、俄羅斯 Yandex 語義系統）；

❖ 資料導向的情緒預測與政治傾向測量模型。

這些系統能根據使用者過往行為，自動為其篩選資訊與建構信念迴路，使得人類思考進程逐漸失去自主性，而轉為「被運算化」的認知反應。

3. 信念投射場

即資訊空間中的話語主導權與道德框架建構。如：

❖ 誰能定義什麼是「正義」與「邪惡」？

❖ 誰能將行為定性為「恐怖攻擊」還是「愛國行動」？

❖ 誰能讓國際社會接受某場戰爭是「合法的」、「必要的」、「遺憾但正當的」？

這是整個認知戰的終極奪標點：讓敵人使用你的語言來描述自己，並以你的道德來評價他們的行動。

第九章　認知操作：從資訊流到信仰操縱

> 中美俄對認知空間的軍事化操作對比

■ 美國：以演算法與民間平臺為中心的「認知滲透戰略」

- ❖ 中央情報局與國防部早在 2012 年後即大力投入「網路影響作戰計畫」；
- ❖ 多數行動透過 Facebook、Twitter、YouTube 等企業平臺間接操控；
- ❖ 結合開放社群與學術機構製造議題「真實感」，如反中內容設計、反恐心理圖像等。

■ 中國：由國家主控語境的「敘事主權戰略」

- ❖ 所有平臺必須依法接受國安單位「輿情建構」與「話語引導」指導；
- ❖ 學校、媒體、宗教場所與 AI 產品需配合「核心價值推進」；
- ❖ 擴張到對海外華人社群與外文平臺內容輸出，建立「對外思想長城」。

■ 俄羅斯：以黑箱作業為基礎的「心理武器系統」

- ❖ 深度結合駭客行動（APT28 等）與社群假帳號操作；
- ❖ 訓練 KGB 背景人員專門從事「敵國意識形態錯亂」任務；
- ❖ 在敘利亞、喬治亞、烏克蘭等地大量應用「雙向資訊汙染」技術，讓民眾難辨真偽。

第四節　認知空間即戰場的戰略新維度

這三種模式雖方法不同，但目標一致：在敵對對象的認知空間中插旗，讓其人民的想像、感知與信念被我方主導。

認知空間戰爭的勝負判準：誰定義了「現實」

過去戰爭講求地面控制、空優掌握、補給線安全；

現代戰爭則是 —— 誰讓大多數人相信哪個敘事，就贏得戰略主導權。

這可從以下三指標評估：

- **民意趨向**：人民是否仍信任本國政府與主流媒體？
- **國際敘事權**：國際社會是否接受你的戰爭定義與價值框架？
- **敵方內部意志**：敵國是否出現大規模的認同分裂與敘事對撞？

烏克蘭戰爭中，儘管俄軍初期攻勢猛烈，烏方憑藉成功的認知防禦與國際敘事贏得多數西方國家支持與輿論掌握，形成「即使軍力弱，仍可延戰並轉守為攻」的逆勢奇蹟。

現代戰爭的疆界，是認知，而非地圖

如克勞塞維茲在《戰爭論》裡所言：「戰爭是一種人類心智極限的對決。」

現代戰爭讓這句話不再是哲學性形容，而是字面上的事實。

第九章　認知操作：從資訊流到信仰操縱

　　認知空間，作為心智的疆界，如今已成為每一場衝突的真正起點與終點。

　　占領你的思想，我就不必占領你的國土。讓你自己不再相信自己，我便已經勝利。

第十章
資訊戰的戰略轉型：
全面升級的數位軍事態勢

第十章　資訊戰的戰略轉型：全面升級的數位軍事態勢

第一節　多維戰場的形成：從單一網攻到複合式作戰鏈

「勝負將不再取決於誰開第一槍,而是誰先關掉對方的螢幕。」

從獨立作戰到融合戰域：資訊作戰的戰略升維

傳統作戰思維中,資訊行動往往被視為支援火力、提供態勢感知的輔助角色。但自 2010 年代以來,尤其隨著俄羅斯在喬治亞、烏克蘭的混合戰,以及中國資訊化部隊的成形,資訊戰逐步演化為與實體火力「同步部署、同步打擊」的關鍵維度。

這一戰略轉向,源自於戰爭環境本身的數位化與網路化。如同《戰爭論》的作者克勞塞維茲所說:「戰爭是一種與時俱進的政治暴力。」而在當代,這種暴力已不再完全以爆炸表現,而是以癱瘓節點、混淆感知、預設反應的資訊流形式出現。

多維戰場的概念：從作戰領域到資訊鏈整合

在現代戰略學中,已普遍接受「五維作戰」的空間分類:

- ❖ **陸地戰場**(地面火力與機動)
- ❖ **海上戰場**(艦隊部署與航線控制)
- ❖ **空中戰場**(制空權爭奪)

第一節　多維戰場的形成：從單一網攻到複合式作戰鏈

- **電磁頻譜戰場**（干擾、壓制與頻段掌握）
- **網路與資訊戰場**（駭客滲透、假訊息、數位干擾）

而自 2020 年以來，許多軍事戰略學者提出第六戰域：認知空間（Cognitive Domain），認為現代戰爭已不可忽視「人民如何看待戰爭」本身。

這些戰場之間不再分割，而是高度整合，構成一個新的作戰框架：複合式作戰鏈，資訊流成為串接各維度之間的「中樞神經」。

作戰鏈如何運作？一場攻擊背後的五重協同

我們可從以下實際案例，理解「多維戰場」的實戰部署邏輯：

案例：2022 年烏克蘭赫爾松前線奪還行動

- **網路滲透先行**：烏方駭客組織「IT Army」攻擊俄軍通訊平臺與社群帳號，癱瘓指揮傳達；
- **電磁干擾同步出擊**：使用攜帶型電磁干擾裝置，遮蔽俄方無人機與 GPS 回傳信號；
- **心理資訊操作**：透過 Telegram 廣泛散播「俄軍撤退」假訊息，使敵方後援延遲部署；
- **無人機火力導引**：Bayraktar 與商用改裝無人機實施即時定位與火力回傳；

第十章　資訊戰的戰略轉型：全面升級的數位軍事態勢

- **地面部隊同步推進**：小組突擊隊進入無人機導引的安全破口，於 24 小時內奪回三個戰術高地。

這場行動表面上是地面戰術，但其核心成功關鍵來自於「資訊流主導其他戰域的節奏與盲點」，也就是資訊→感知→判斷→行動的節點設計優勢。

軍事戰略新模式：從火力主導到資訊節奏主導

複合式作戰鏈的真正革命，在於它打破了火力為主、支援為輔的傳統軍事分工邏輯，轉而形成以下新模式：

- **資訊主導火力**：攻擊時間點、火力分布與兵力部署由資訊分析結果決定；
- **認知滲透配合兵力行動**：先讓敵人失去判斷與士氣，再實體出擊；
- **時間節奏為勝負關鍵**：誰先預測誰先行動，成為作戰勝負點（秒級決策競賽）。

這也讓指揮體系與部隊訓練必須全面升級，以適應這種「資訊即命令、數據即火力」的新結構。

作戰鏈建構挑戰：資料鏈與信任鏈的雙重壓力

儘管多維戰場提供了更高的作戰效率與彈性，但也帶來新的風險與挑戰：

第一節　多維戰場的形成：從單一網攻到複合式作戰鏈

一、資訊過載風險

當戰場感測器、無人平臺、開源情報與 AI 預判系統同時輸入海量資料時，決策者面臨的是過多而非過少的資訊壓力。

- ❖ 如何避免關鍵訊息在雜訊中被淹沒？
- ❖ 如何設定 AI 自動化篩選邏輯而不排除異常資訊？
- ❖ 如何在高度壓力下保有「人類直覺判斷空間」？

二、節點信任危機

多維鏈條中每一個節點（AI 演算法、雲端平臺、無人機、駭客單位）都可能成為弱點。一旦：

- ❖ 資料遭竄改，錯誤導引火力；
- ❖ 算法模型被植入偏誤；
- ❖ 指揮系統遭駭客入侵或模擬訊號偽造，整體戰場將陷入自傷錯亂。

這就牽涉到「信任作戰鏈」的建立，也成為資訊戰從技術升級到制度重構的根本問題。

> **現代戰爭，不是打誰，而是打節奏與節點**

如《第五域》（*The Fifth Domain*）的作者之一 Clarke 所言：「你贏得戰爭，不在於殺敵多少，而在於癱瘓其系統多久。」

在多維戰場中，資訊不是作戰輔助工具，而是串連所有作

第十章　資訊戰的戰略轉型：全面升級的數位軍事態勢

戰要素的主動節奏控制系統。

它決定了火力何時開啟、部隊如何行動、指揮鏈如何運作，也決定了敵人何時錯亂、何時迷茫、何時崩潰。

第二節　即時決策下的數據壓力與虛假資訊風暴

「當資訊變成武器，無知反而成為保護；但在戰場上，誰敢承認自己無知，就等於認輸。」

資訊爆炸不等於判斷清晰：新戰場的認知困境

進入數位軍事時代後，決策者已不再困於資訊稀缺，而是困於資訊過多。尤其當無人機、衛星、社群媒體、感測器、電子監控與開源情資（OSINT）同時湧入戰場中樞，指揮官面對的往往不是資訊不足，而是資訊洪水的選擇焦慮與判斷錯位。

如諾貝爾經濟學獎得主赫伯特・西蒙（Herbert A. Simon）所言：「資訊的豐富會產生注意力的貧乏。」換言之，在戰場的即時決策節奏下，資訊多寡不是優勢，而是能否快速擷取、辨識、詮釋與信任資訊源的能力才是決勝關鍵。

這也是克勞塞維茲《戰爭論》中所強調的「霧」：

第二節　即時決策下的數據壓力與虛假資訊風暴

「戰爭的真正難點，不在於敵人，而在於決策者在混沌中如何辨識真實。」

而在今日，這層戰場之霧不再來自煙硝，而來自演算法與資訊流。

三重壓力：現代戰場決策系統的失真陷阱

我們可從三個層次理解這場新型「認知決策風暴」：

一、資料過量的行動癱瘓（Data Paralysis）

戰場感測器、無人機影像、電子訊號、AI 判讀結果、開源即時回報同時湧入，一位戰場指揮官在一分鐘內可能接收數十筆互相矛盾或不確定的資訊。

結果可能出現：

- **「過度等待確認」導致誤失良機**：如目標清晰但影像遭 AI 標示為「疑似誤傷區」導致拖延打擊；
- **「行動過度依賴資料」而忽略直覺與經驗**：如烏克蘭一線指揮官表示「AI 判讀曾多次將俄軍坦克誤認為樹叢，造成誤判」。

上述觀點與資訊戰領域中廣泛討論的「資訊過載」（information overload）問題相符：資訊越多，行動越慢，若無適當濾波與指揮濃縮機制，資訊量將削弱戰術節奏。

第十章　資訊戰的戰略轉型：全面升級的數位軍事態勢

二、假訊息風暴的決策偏誤

另一挑戰是敵方可能刻意在高壓節奏下投放假資訊：

- ❖ 透過開源社群平臺發布「敵軍撤退」、「平民逃出」、「醫院被炸」等真假難辨影像；
- ❖ 植入 AI 誤導資料至公開資訊中，如 OpenStreetMap、Twitter 上製造假地標、錯誤座標；
- ❖ 透過深偽技術（Deepfake）模擬敵軍或盟軍高層指令，使指揮網路出現矛盾；

例如 2022 年，俄羅斯曾經操作一段烏克蘭總統澤倫斯基「下令士兵放下武器」的假影片，雖在短時間被揭穿，但已足以在戰區邊緣部隊製造行動猶豫。

三、AI 演算誤導與責任模糊

現代戰場上，許多決策輔助已交給 AI 模型，如：

- ❖ 威脅預測模型；
- ❖ 無人機自動判斷是否發射；
- ❖ 戰場資源調度優化工具。

然而，這些 AI 並非中立，它們會受到：

- ❖ 訓練數據偏誤（Training Bias）；
- ❖ 模型回饋盲區（Black Box Decision）；
- ❖ 演算法優先順序設定（如優先保全大目標而忽略小單位）；

第二節　即時決策下的數據壓力與虛假資訊風暴

導致指揮官「被動接受 AI 建議」而非主動決策，進而在事後追責時陷入「誰負責、誰判斷」的政治風險。

2023 年，美國五角大廈在推行 AI 輔助目標判定系統時，即因界定人機決策責任歸屬問題，引發軍方內部與國會層級的激烈爭議，暴露出一旦發生誤擊或誤判，傳統指揮責任鏈條將面臨空白地帶的風險。

戰略應對：重構數據信任鏈與決策迴路

1. 建立「戰場資訊濾波師」角色

即設立中階指揮人員，專責在 AI 與感測資料湧入前進行初步篩選，類似過去的「砲兵火網協調官」，但對象不再是火力，而是資訊有效性與來源風險。

此人員需兼具軍事經驗、資訊判讀與心理學敏感度，並受訓於「假訊息辨識模組」。

2. 建立「資料來源等級標準」與即時評估框架

所有進入指揮系統的資料須自動標註可信度、來源類型與時效等級。例如：

- ❖ 紅色：敵方未經證實社群訊息（高風險）；
- ❖ 黃色：開源資訊交叉驗證中；
- ❖ 綠色：友軍感測器回報並由人員確認。

第十章　資訊戰的戰略轉型：全面升級的數位軍事態勢

這樣一來，決策者可依照戰況風險承受度來選擇使用何種資訊，而不致於「一視同仁或全然疑懼」。

3. 對 AI 模型進行「逆向操演」與心理壓力模擬

也就是對 AI 推薦系統進行壓力測試，例如：

- 當資訊來源大量造假時，模型是否仍可保持精確建議？
- 當敵方誘導模型輸出錯誤（例如透過圖像汙染技術）是否會觸發誤炸？
- 指揮官在壓力下是否過度依賴 AI 結果？是否會中止人類直覺介入？

這些操演將成為未來軍事訓練的一環，亦是資訊作戰成功的心理韌性測試核心。

資料與決策之間，真正的戰場是信任

正如《戰爭論》中所說：「所有戰爭，實則為人心之戰。」

在今日，這場「人心之戰」不只是士氣與意志的爭奪，更是在資訊風暴中保有判斷、懷疑、信任與行動的能力。

資訊戰不只是傳遞錯誤資訊，也在於製造過多正確資訊，讓你無法辨認哪一條才是真正需要的。

決策不再只是選擇方案，而是選擇要相信哪一條路徑，並為其後果承擔責任。

第三節　軍事組織再設計：資訊流與指揮結構的同步挑戰

「若命令無法追上資訊，指揮將淪為障礙。」

當資訊速度超越指揮速度：傳統軍事結構的崩潰邊緣

傳統軍事體系依賴階層式指揮鏈：自上而下逐層傳達命令、回報戰情、等待判斷。這種模式運作於一個前提——資訊的取得速度與命令的下達速度相當。

但在資訊戰與數位戰場中，這一前提已被打破：

- 無人機與衛星圖像秒級更新；
- AI 即時威脅預測每秒自動輸出數千項風險指標；
- 社群媒體與開源情資（OSINT）在戰場每一角落生成大量「未審視訊息」。

這些現象導致傳統軍事結構產生三大結構性失衡：

- 回報延遲導致資訊過時；
- 上級等待全面資訊而延誤命令；
- 基層因資訊超載而無法即時決策。

第十章　資訊戰的戰略轉型：全面升級的數位軍事態勢

如克勞塞維茲在《戰爭論》所言：「組織若無法掌握戰爭的不確定性，便會成為它的犧牲品。」

在今日，這個不確定性來自資訊，而非敵軍。

> **軍事組織三大改革路線：**
> **從階層到模組、從集中到分散**

為應對資訊時代的作戰節奏，多國軍隊已進行結構性調整，主要可分為三個策略方向：

1. 模組化戰鬥單位

- 打破固定編制，依任務臨時組成部隊，搭配專屬資訊通道與 AI 分析模組；
- 每一模組包含資訊官、心理作戰人員、無人載具操控員、數位後勤支援人員等，具備獨立任務執行與資訊處理能力；
- 如美軍「未來作戰小隊」（Multi-Domain Task Force）已落實此編制，能快速部署至亞太或歐洲前線執行複合任務。

這讓基層部隊不再只是命令接收端，而是數位認知節點，具備獨立資訊處理與反應能力。

2. 任務指導式領導

- 由上級賦予明確「任務意圖」，但**不拘執行方式與細節流程**；
- 強化各級部隊的判斷與資訊回饋能力，使戰場能依照資訊

第三節　軍事組織再設計：資訊流與指揮結構的同步挑戰

流變化靈活調整行動。

這源自德軍「任務式指揮」（Auftragstaktik）傳統，但在資訊戰中被重新賦予數位節奏與 AI 輔助。例如：

- 指揮官不再「命令攻擊左側壕溝」，而是下達「控制該地區通訊節點並壓制對方數位視野」，由下級決定是否用無人機、電子干擾還是網路滲透達成。

3. 數位雙核心決策圈

- 一方面保有傳統戰區指揮部，掌握整體戰略；
- 另一方面設置「數位作戰即時中樞」，專責處理數據判讀、威脅感知與社群資訊流分析。

兩者以「共識循環」模式互動，不再是命令下達與回報流程，而是持續合作、即時回饋的平行運算決策模型。

例如以色列 IDF 在 2021 年哈瑪斯衝突中，建立「認知作戰控制中心」，由語言學者、演算法工程師與作戰官共同運作，發展出「資訊打擊計畫」，在不到三天內重創敵方社群動員節奏。

> **指揮官的新挑戰：**
> **從「發號施令者」到「認知調頻者」**

資訊化軍事環境下，指揮官的角色不再僅是下達命令，而是：

- 協調資訊流通節奏與行動節奏；

第十章　資訊戰的戰略轉型：全面升級的數位軍事態勢

- 辨識錯誤資訊與敵方認知攻擊；
- 管理 AI 模型與人類直覺的互補與衝突；
- 面對「資訊透明化」所帶來的道德與輿論壓力；
- 引導下級單位在自主行動下仍保持戰略一致性。

這代表一種指揮心理學的轉型，如同《第五域》中所言：「指揮官不再只與士兵對話，而是與資料模型、媒體風向與群體情緒對話。」

軍隊文化的變革：資訊優先、透明共享與跨域思維

資訊戰的結構轉變也迫使軍隊文化必須跟進改革：

- **透明共享的資訊文化**：過去部門資訊分隔的封閉思維將造成災難，必須強調「橫向資訊即時整合」；
- **跨域語言的溝通能力**：作戰官需懂技術語言、數據工程師需理解戰術節奏；
- **錯誤容忍與快速修正**：戰場資訊變化極快，要求「犯錯可接受，重複錯誤不可容忍」；
- **心理彈性與演算法判讀訓練並行**：軍校必須開設心理學、資訊戰、語境辨識與模型理解課程，使未來軍官成為資訊與情緒的雙重領域領導者。

第四節　跨國演算法競爭：資訊優勢的軍事地緣化趨勢

當指揮結構慢於資訊流，軍事優勢就將瓦解

如同克勞塞維茲所言：「指揮者的力量，來自於對混亂的控制。」

在現代資訊戰中，混亂不是由敵軍造成，而是由演算法、資料過載與結構延遲導致。

能否重新設計組織，讓資訊流與指揮鏈同步？能否讓決策更接近資料發生處，而非層層轉達？能否將命令轉變為節奏與邏輯的共識？

這些，將決定未來軍隊是否能在資訊風暴中存活、適應、勝出。

第四節　跨國演算法競爭：資訊優勢的軍事地緣化趨勢

「控制未來戰爭的，不是更多的武器，而是能更快分析與預測戰爭的演算法。」

從軍備競賽到演算競賽：權力的核心正在轉移

冷戰時代的軍備競賽以核彈數量與洲際飛彈射程為主，但進入 21 世紀後，軍事優勢不再取決於多少艦艇或飛機，而是：

第十章　資訊戰的戰略轉型：全面升級的數位軍事態勢

誰擁有更多的數據、誰有更快的演算法、誰的 AI 模型學得更深。

如同克勞塞維茲在《戰爭論》中所揭示：「戰爭是政治的延續，但手段會隨時代變化。」

而在今日，這種延續的形式是數據掌控與認知主權的爭奪戰。國家之間的軍事實力正快速由火力→資料→模型→預測能力轉移。

我們看到全球資訊權力的地緣化趨勢愈發明顯，形成以「資料收集區域」為基礎的軍事影響力圈層。

資訊主權重劃世界邊界：誰控數據，誰控節奏

在 AI 與資訊主導作戰結構下，控制資訊來源與資料處理通路成為「隱形主權」。這造成兩個新的軍事地緣現象：

1. 演算法領土化

即將 AI 訓練資料視為國家資產，禁止敵對國取得關鍵語料、戰場感測數據或公民行為模式。

如：

- 歐盟推出 AI 法規草案限制戰場 AI 模型外流；
- 美國禁止晶片與高性能 GPU 出口中國；
- 中國禁止軍事相關資料被傳至海外伺服器，甚至限制影像、地圖 APP 存取精度。

第四節　跨國演算法競爭：資訊優勢的軍事地緣化趨勢

此舉的戰略目的在於：保護模型輸入資料品質，避免敵方進行逆向建模與干擾。

2. 演算能力地緣化

即資料中心、AI 運算基地、量子通訊節點與海底電纜逐漸成為軍事爭奪重點地區。

- 台積電於美國亞利桑那與日本熊本設廠背後即具軍事考量；
- 中國建構「雲端軍事行動指揮平臺」布局於新疆、成都、廣西，避開傳統電磁偵測範圍；
- 北約將格陵蘭海底電纜列為軍事戰略基礎建設。

這些不再是傳統軍事基地，但卻是 AI 作戰模型能否即時反應的神經中樞。

全球三強的軍事 AI 戰略競局：美、中、俄三角動態

美國：模組化 AI 系統與盟國聯網計畫

- 2022 年推出「聯合全域指揮與控制」（JADC2）戰略，整合空軍、陸軍、海軍所有感測器與 AI 資源；
- DARPA 開發「戰場資料蒐整 AI 仲裁器」，可根據不同資料來源權重做出戰術建議；
- 推動「演算法外交」：與英、日、澳共同制定戰場 AI 倫理與

第十章　資訊戰的戰略轉型：全面升級的數位軍事態勢

模型訓練標準；
- ❖ 將 AI 視為「戰略加速器」，強調決策縮短與態勢預測的超前反應。

美國的優勢在於晶片製造、生態體系完整，但也暴露於多元平臺整合困難與民間企業依賴過高的風險中。

▌中國：全國數據一體化與戰場模型集中化

- ❖ 推動在內陸地區（如甘肅等地）建立軍事智能測試設施，進行自動化演算法與實戰模擬訓練；
- ❖ 中國軍事學術界與工業體系密切合作，整合全國資料資源以訓練軍用大模型，廣泛應用於無人作戰、虛擬演習與智慧指揮模擬；
- ❖ 強調「數據自給」與「語境控制」策略，建立中文語料為主體的語言模型，作為對抗西方語義輸出的技術路徑；
- ❖ 在軍事 AI 應用理念中出現「模型輔佐指揮」甚至「模型即指揮」等實驗構想。

中國模式高度整合、資源集中，但也缺乏開放實戰數據交叉驗證，模型彈性受限。

▌俄羅斯：軍事 AI 與社會演算法控制的融合體

- ❖ 深度融合駭客攻擊與社群平臺操控行動，用 AI 推演敵國輿論變化與認知節奏；

第四節　跨國演算法競爭：資訊優勢的軍事地緣化趨勢

❖ 俄軍推出「火力感知回饋模型」（FARS）用於無人砲兵定位與自動彈道調整；

❖ 強調「認知域的預判模型」，以預測敵方媒體、軍事社群的議題爆發點與民意反應時間；

❖ 投資於語音模仿技術與深偽影像，在心理戰領域形成數位特種部隊。

俄方特色是將 AI 與心理戰結合，具有高干擾力與低可預測性，但技術底層能力不如美中。

AI 軍事競爭的五大未來戰略趨勢

1. 模型戰將取代武器戰

未來不是比誰的飛彈快，而是誰的 AI 先預測敵方部署、封鎖其認知與演算法反應時間。

2. 資料即領土

掌握社會資料流、戰場即時視覺資料與語言語料者，可決定 AI 作戰能力邊界。

3. 倫理即戰略優勢

哪些國家能同時保障人權與 AI 效率，將在國際輿論中取得合法性與信任資本。

4. 模型投毒與認知陷阱

未來戰爭可能透過輸入假資料汙染敵方 AI 訓練集，使其預測錯誤或無法決策。

5. 演算法冷戰將成常態

像冷戰時期核武一樣，各國將透過 AI 模型能力展示、測試與外交談判，建立資訊主權紅線。

霸權不再靠軍港，而靠資料中心與語言模型

如克勞塞維茲所言：「戰爭之形式，必由政治與技術共同塑造。」

在當代，戰爭的形式已不再只是坦克與砲火，而是語義模型、資料鏈與預測演算的疊合體。

資訊霸權將不再靠殖民地與航母，而靠誰的語言模型更準、誰的演算法更快、誰的資料領土更廣。

第十一章
混合戰爭：跨領域交鋒的新態勢

第十一章　混合戰爭：跨領域交鋒的新態勢

第一節　混合戰的定義與演進軌跡

「戰爭不是對無生命物體施加意志的行為，而是針對會反應的有生命對象。」

混合戰的戰略本質：從古典戰爭到現代交織戰場

戰爭從未單純。無論是冷兵器時代的兵法鬥智，或是現代科技主導的多維交鋒，其本質始終圍繞在「目的、手段與政治」三者的互動之中。克勞塞維茲在《戰爭論》中明言：「戰爭是政治的延續。」這句話正是混合戰（Hybrid Warfare）核心概念的開端。混合戰不僅僅是傳統軍事手段的演進，更是各種非軍事領域資源的戰略整合，實現對敵人全面施壓與削弱。

混合戰這一詞雖於 21 世紀廣為人知，但其思想早已有跡可循。《孫子兵法》早在數千年前便已揭示「上兵伐謀」與「不戰而屈人之兵」的智慧，正是混合戰邏輯的古典基礎。今日之混合戰，則將軍事、外交、經濟、資訊戰與法律操弄等工具全面編織，形成一個模糊戰線、難以回應的策略型壓力場。

名詞定義與現代理解：混合戰與灰色地帶的交疊

混合戰的現代理解，最初由美國海軍陸戰隊軍事理論家法蘭克‧霍夫曼（Frank G. Hoffman）在 2007 年正式提出。他指

第一節　混合戰的定義與演進軌跡

出，混合戰係指「敵對行動中同時並用常規軍力與不對稱手段，包括恐怖行動、網路攻擊、政治操控與經濟脅迫等非傳統工具，目的是製造政治混亂、削弱國家意志，最終實現不戰而勝或低成本制勝的戰略目標」。

這樣的戰爭樣態打破了傳統戰爭中「戰爭與和平」、「前線與後方」、「軍人與平民」的清晰界線。以俄羅斯 2014 年吞併克里米亞為例，正是一場極具代表性的混合戰實踐：無記名武裝分子占領當地設施、親俄媒體鋪天蓋地散布資訊戰、政治滲透與操弄選舉同步展開，最終在幾乎未發一槍的情況下改變地緣政治現狀。

演進軌跡一：冷戰後的模糊戰場與非對稱回應

混合戰的歷史軌跡並非始於 2010 年代，而是從冷戰結束後逐步發展起來。當蘇聯解體，美國成為唯一超級強權，許多中小型國家與非國家行為者發現，與美國進行常規戰幾乎毫無勝算，於是紛紛採取游擊戰、恐怖攻擊、網路滲透等「非對稱」方式回應。

2006 年以黎衝突中，黎巴嫩真主黨即透過一系列游擊與資訊操作手段，成功延緩以色列進攻進度，展現「準國家組織＋現代手段」的新型態戰爭模式。這場衝突常被視為混合戰的早期樣板之一，也對以色列、北約與美國造成深遠反思。

第十一章　混合戰爭：跨領域交鋒的新態勢

在《戰爭論》中，克勞塞維茲曾警示：「敵人總會尋找你的薄弱處下手，並迫使你不得不在最不願意的地方出擊。」這正是非對稱手段與混合戰策略的精髓：將優勢化為無用，將模糊變為工具。

演進軌跡二：資訊與網路空間的開關

進入 2010 年代後，數位化、社群媒體與人工智慧的發展為混合戰提供前所未有的工具。資訊空間成為新戰場，網路不再只是傳播訊息的媒介，更是政治戰、心理戰、認知戰的場域。

以 2016 年美國總統大選為例，俄羅斯被廣泛指控透過假帳號、社群機器人與演算法操作，引導美國民意，造成內部撕裂，干擾民主制度。這場「未見血的戰爭」雖未動用常規軍力，卻對國家主權與制度信任造成實質衝擊。這類資訊混合戰逐漸成為全球主要軍事強權的標準武器。

根據美國蘭德公司（RAND Corporation）研究指出，現代混合戰的五大特徵包括：模糊的敵人身分、同步化的跨域攻擊、法律與規範漏洞的利用、長期的心理操作，以及目標國內部矛盾的激化。這些特徵使得混合戰具備「日常性」、「低可見性」與「高戰略效果」的獨特風格。

第一節　混合戰的定義與演進軌跡

戰略意涵與未來展望：從克勞塞維茲到演算法霸權

混合戰挑戰的不僅是國防能力，更是整體國家治理與社會韌性。克勞塞維茲所說的「摩擦力」，在現代戰爭中已不僅來自軍事操作，而是來自資訊失真、社會信任瓦解與決策遲滯等複合因素。換言之，混合戰是將「戰爭摩擦」轉化為「社會摩擦」的藝術。

此外，演算法與 AI 的加入更讓混合戰進入「自主化操作」的新階段。透過深偽技術（Deepfake）、社群演算法定向投放與自動化輿論操控，一場戰爭可能在無形中發動，而決策者與民眾直到效果發酵後才驚覺「戰爭已在眼前」。

針對此，美國與北約近年積極建構「戰略韌性」（Strategic Resilience）機制，包括資訊素養教育、媒體識讀訓練與民防系統改革。臺灣亦自 2018 年起推動數位國防轉型，強化資安演練與跨部門整合，針對潛在混合戰威脅建立早期偵測與社會應對機制。

混合戰是戰略新常態

綜合以上分析，混合戰不只是戰爭方式的改變，更是戰爭本質的重組。在傳統的火力對決之上，它導入了法律、資訊、心理與經濟等多維手段，將「戰爭」變成一種無所不在的國力競爭形式。

第十一章　混合戰爭：跨領域交鋒的新態勢

　　從克勞塞維茲的「戰爭是政治的延伸」，到孫子的「不戰而屈人之兵」，再到今日的資訊與演算法霸權，混合戰代表的是一種「沒有硝煙但仍致命」的新戰略型態。理解其定義與演進軌跡，正是面對 21 世紀安全威脅的第一步。

第二節　資訊、外交、經濟與軍事手段的整合

「善戰者，致人而不致於人。」

混合戰的多重工具箱：戰略整合的新格局

　　克勞塞維茲在《戰爭論》中指出，戰爭的核心在於「迫使敵人服從我方意志」，而非單純的武力對抗。這句話正揭示了混合戰的多層次特性——它不是一場只靠坦克與飛彈取勝的戰爭，而是一場綜合性壓力施加的藝術，透過資訊操控、經濟制裁、外交封鎖與軍事威嚇，形成一個無法分割的整體攻勢。

　　今日的戰略家愈發明白，單一手段的戰爭無法適應全球化與科技交織的新格局。正因如此，整合性作戰成為主流戰略框架，也成為混合戰能否成功的關鍵。這種整合不是平行而行，而是跨領域相互促進與強化，形成「1＋1＋1＋1＞4」的效果。

第二節　資訊、外交、經濟與軍事手段的整合

資訊戰的主動權：認知即戰場

資訊不再只是傳遞命令或輿情的工具，而是戰爭的第一線。《孫子兵法》言：「知彼知己，百戰不殆。」但在混合戰中，資訊戰不只是在「知敵」，而是在「塑敵」——透過精心編排的敘事、假新聞與社群操作，將對手的國內矛盾激化，使其無力對外。

烏克蘭戰爭提供一個鮮明案例。俄羅斯從 2014 年克里米亞危機開始，即大量部署資訊戰手段，包括滲透社群媒體、派遣網軍「假帳號農場」、操控搜尋引擎結果，營造出「當地人自願併入俄羅斯」的輿情幻象。這些資訊操作在戰爭尚未開打前，就已開始改變全球對衝突的認知結構。

根據歐盟對外行動署（EEAS）的研究報告，俄羅斯在 2022 年全面入侵烏克蘭前，共推動超過 4,000 筆以上的虛假敘事，涵蓋烏克蘭納粹化、美國策動政變、北約包圍陰謀等主題，這些策略不是臨時起意，而是混合戰「資訊前導」的典型作法。

外交戰的牽制藝術：孤立敵人，塑造正當性

當資訊戰在敵人國內掀起認知混亂，外交戰則同步在國際場域爭取合法性與支持。《戰爭論》中強調，戰爭的政治目的是控制「交涉的天秤」，而外交正是這座天秤的槓桿。

在混合戰中，外交並不僅是表面上的談判與聲明，而是一種制度化孤立手段。以中國在南海的策略為例，北京不斷透過

第十一章　混合戰爭：跨領域交鋒的新態勢

「一對一談判」孤立對手，同時在聯合國與東協架構中積極影響議程設定，使得各國難以就南海主權問題形成一致立場。這種「多邊架構內的單邊戰略」正是混合戰外交手段的展現。

同時，俄羅斯於 2022 年全面進攻烏克蘭後，透過與伊朗、中國等非西方盟國的外交合作，維持軍需供應與金融流通。在美歐試圖全面圍堵的同時，俄羅斯卻藉由「東方連線」策略打破孤立，形塑出「另類國際秩序」的想像，試圖削弱西方制裁的效力。

經濟戰的長期策略：從制裁到依賴操控

經濟戰從來不是單純的禁運與制裁。混合戰中的經濟手段更強調「依賴性建構」與「供應鏈控制」兩大要素。透過控制某項關鍵資源或基礎科技，使對手在戰爭開打前就陷入被動與遲滯。

以歐洲對俄天然氣的依賴為例，自 2000 年代初，俄羅斯便透過「北溪管線」深耕歐洲能源市場，建構一種以經濟為基礎的戰略依賴。當 2022 年戰爭爆發時，歐洲雖立刻展開經濟制裁，卻因能源依賴而一度自陷困境，這正是混合戰中經濟戰略的深層設計。

而在科技戰方面，美中競逐更展現出經濟與戰略整合的新模式。以 2022 年美國祭出對中國的高階晶片出口管制為例，不僅是經濟打擊，更是針對人工智慧與軍事技術發展的主動封鎖。這種制裁非但非單一事件，而是配合外交戰（拉攏荷蘭、日

第二節　資訊、外交、經濟與軍事手段的整合

本參與制裁）、資訊戰（塑造中國技術竊取印象）、軍事戰（同步強化印太部署）共同推進的混合戰策略。

軍事威懾的重新定義：不動亦是一種動

在傳統思維中，軍事是最後手段，是當外交與談判失效後的選項。但在混合戰中，軍事存在本身即是策略工具。根據《戰爭論》的思維，軍事力量的部署與機動性本身就構成「潛在力量」的行使，即使未開火，也已造成影響。

以臺灣海峽為例，中國解放軍頻繁在臺海周邊進行「區域性軍演」，雖無實際開戰，卻已在心理、經濟與外交層面產生震懾。企業延後投資、民間情緒波動、國際媒體聚焦，都是混合戰軍事工具的非實體效果。

美國亦藉由「航行自由行動」、軍艦穿越臺灣海峽等手段，進行軍事資訊與外交訊號的同步傳遞。這些行動雖看似例行操作，實則是高度設計的多層整合行動，其目的不在於發動戰爭，而在於塑造局勢。

多維統合的戰略思維重建

在今日這個戰爭與和平界線模糊的世界中，單一領域的優勢已不再能決定勝負。混合戰的關鍵，在於如何將資訊、外交、經濟與軍事手段進行戰略整合，使其相互交織、相互放大效

能，形成系統性壓力。

正如《孫子兵法》所言：「上下同欲者勝。」混合戰要求的不只是軍隊的整合，而是整個國家的力量動員與思維同步。當資訊部門能理解軍事訊號的作用、外交官能讀懂經濟制裁背後的策略、財政體系能即時應對資本戰爭的挑戰，混合戰的整合效果才能真正發揮。

而這正是《戰爭論》中最深層的啟示：戰爭從不是戰場上的對抗，而是國家意志、制度力量與戰略創意的總體較量。

第三節　戰爭界線模糊化與法律灰地帶

「故兵無常勢，水無常形。能因敵變化而取勝者，謂之神。」

界線不再清晰：戰爭定義的瓦解

傳統上，戰爭與和平有明確分野：宣戰、交戰、停火、和約。然而進入 21 世紀，這樣的界線不再適用。戰爭的形式從實體衝突轉向無形壓迫，從武力使用轉向法律、資訊與經濟操作，使「何時是戰爭、誰是敵人、怎樣才算侵略」成為開放性問題。這種模糊性不只是語言問題，而是戰略設計的結果。

《戰爭論》雖在十九世紀成書，但克勞塞維茲已預見戰爭行為將漸趨多元與非傳統。他指出：「戰爭從來不是孤立的行為，

第三節　戰爭界線模糊化與法律灰地帶

而是政治意志的延伸。」當現代政治意志不再公開地透過軍隊實現，而是選擇透過匿名手段與法律漏洞實施時，戰爭自然進入一種灰色地帶。

以俄羅斯對烏克蘭的「小綠人」行動為例，這些不佩戴軍階、不承認隸屬的武裝人員在克里米亞出現、接管政要設施，卻因「未明顯標明國籍」而無法直接視為軍事侵略，造成國際法對應困難。這是一種戰略性的模糊：用合法手段包裝非法目的，讓戰爭既發生卻又無法追究。

法律模糊與規範破口：戰略運用的新工具

模糊不只是結果，更是手段。戰略性法律操作日益被軍事與情報部門重視，意指「以法律為武器來達成軍事或戰略目的」。換言之，攻擊不再來自飛彈，而可能是法庭、國際仲裁與條約文字。

中國對南海的「九段線」主張便是一例。儘管 2016 年海牙常設仲裁法院裁定中國對南海的主權主張「不具合法性」，但中國以「不承認、不執行、不接受」回應，並持續透過漁船、海警與建島工程進行實質占領。這種做法正是法律灰地帶的運用：在國際法與實際控制權之間，營造一種模糊而難以回應的現實。

在臺海問題上亦有類似情況。中國頻繁派遣無軍籍民航機、無人機或氣球侵入臺灣防空辨識區，但由於未突破領空，亦無明確敵意，讓臺灣需持續進行高成本因應，卻難以取得國際支

持採取反制行動。這類非傳統威脅，使國際法在混合戰場上的效力受到根本挑戰。

身分、行為與責任的斷裂：非國家行為者的擴張

傳統戰爭的主體是國家，但在混合戰中，非國家行為者（Non-State Actors）成為核心角色。由於這些行為者未受國際法完全規範，身分不明、責任難究，使得敵人難以界定、報復難以正當。

以伊朗支持的「胡塞武裝」為例，其對沙烏地阿拉伯石油設施的無人機攻擊行動，造成全球能源市場劇烈波動，但伊朗始終否認涉入，使得報復無從下手。同樣地，俄羅斯支持的烏東民兵亦常以「自發起義者」姿態出現，透過分離主義框架避免直接將行為歸咎於莫斯科，這使得國際制裁與安全回應陷入困境。

這種身分與責任的斷裂，是混合戰最難以處理的挑戰之一。克勞塞維茲指出：「若敵人並未表明其意志，則我方必須解釋其行為。」混合戰正是利用這種解釋模糊性，讓敵對行為難以歸屬，從而阻礙報復與對抗。

規範遲滯與制度落差：法律體系的戰略弱點

法律規範的制定速度遠遜於戰略與科技的變化。這使得國際體系在應對混合戰時，往往面臨「無法可依」或「無法執行」

的兩難。例如：對於網路戰，雖已有《塔林手冊》提供準則，但因其非具約束力國際法，面對實際攻擊時，各國仍無一致回應標準。

更嚴峻的是，有些規範根本落後於實踐。例如：美國 2021 年提出《戰略競爭法案》，試圖以經濟與科技規範遏制來自中國的混合威脅，但由於法規制定涉及多部門協調與立法程序，導致執行層面滯後於威脅出現。這種落差，使混合戰對民主體制形成實質挑戰。

正如《孫子兵法》所言：「用兵之法，無恃其不來，恃吾有以待之。」面對混合戰的法律灰地帶，不能依賴既有規範必然發揮效力，而必須提前布局、建立快速反應與規範更新能力。

在模糊中建立戰略清晰

戰爭界線的模糊並不表示戰略思考可以含糊。相反，在模糊之中更需要明確的國家戰略、法律設計與行動準則。混合戰的最大風險，並非敵人手段的多樣，而是我方對這些手段「無法定義、無法應對、無法溝通」。

現代國家需建立「法律韌性」，即使無法立即修正國際規範，也應具備解釋法律、運用法律與創造法律的能力，將模糊空間轉化為戰略優勢。此外，國際聯盟與多邊合作亦不可或缺，唯有共享情報、協調回應、集體修正漏洞，才能在灰色地帶中建構共同的紅線。

第十一章　混合戰爭：跨領域交鋒的新態勢

回顧《戰爭論》，克勞塞維茲曾說：「戰爭是一場不確定性的運動。」今日的戰爭不再依靠戰車與火炮，而是藏身在規則間的漏洞、身分背後的否認、邊界尚未定義的模糊。這正是我們時代最需理解與面對的戰場。

第四節　跨域行動中的協同失誤與優勢互補

「合於利而動，不合於利而止。」

跨域作戰的出現：從聯合行動到多維整合

自 21 世紀以來，戰爭不再侷限於單一領域。現代戰場已涵蓋陸、海、空、太空、網路與電磁等六個作戰域，促成所謂的「跨域作戰」（Multi-Domain Operations, MDO）。這種作戰概念強調各軍種與非軍事部門的緊密整合，意在短時間內對敵人施加多重壓力，癱瘓其指揮體系與回應能力。

然而，正如克勞塞維茲在《戰爭論》中提醒：「戰爭的摩擦力使所有計畫的實施比預期困難數倍。」跨域作戰的最大風險，正是各作戰單位與領域間的協同難度。從系統整合、文化差異、資訊同步到權責界定，任何一環出錯，都可能使整體戰略瓦解。

因此，要有效推動跨域作戰，關鍵不只是資源整合，而在

第四節　跨域行動中的協同失誤與優勢互補

於「協同行動」的能力與「優勢互補」的策略設計。若處理不當，跨域行動不但無法產生綜效，反而會放大內部矛盾，導致戰場混亂。

協同失誤一：資訊斷層與節奏錯配

跨域作戰最常見的問題是資訊不同步。不同作戰域的部隊使用不同通訊系統、作業語言與節奏，使得即使戰略上有共識，戰術上卻無法形成協調。

以 2021 年美軍撤離阿富汗為例，陸軍、空軍與國務院在撤僑計畫中的溝通斷層導致喀布爾機場大亂。特種部隊掌握一線情報，卻無法即時轉交給空軍與外交系統，導致數百名平民未及時撤離。這不是能力問題，而是「多域同步失敗」的典型。

克勞塞維茲指出：「戰場上的一切皆因缺乏準確資訊而變得難以控制。」在跨域環境中，資訊的即時性與解讀方式成為勝敗關鍵。若無共通的情報處理語言，即使擁有先進科技也無法轉化為行動優勢。

協同失誤二：權責重疊與命令混亂

跨域作戰需要多單位並行運作，但若無清晰的指揮架構，很容易出現「各自為政」、「責任模糊」的困境。尤其在混合戰背景下，許多行動並非由傳統軍隊主導，而是涉及民間通訊單位、

第十一章　混合戰爭：跨領域交鋒的新態勢

科技企業、外交機構與特種情報團體。

以 2017 年美國在敘利亞的聯軍行動為例，空軍進行轟炸時未與地面庫德武裝協調，導致誤擊己方盟軍；而情資來源由中情局控制，卻未能即時通報國防部，形成指揮鏈條斷裂的現象。這些協同錯誤在敵人眼中即是破口，也讓作戰效果大打折扣。

《孫子兵法》提到：「將無令而民不服，軍無紀而亂不治。」混合戰與跨域戰場更需清晰的命令權責分層，否則只會讓敵人「以小制大」、「以亂制整」。

協同失誤三：文化衝突與作戰觀念差異

跨域行動不只是一種技術性挑戰，更是一種文化與哲學的磨合。傳統軍隊強調等級與命令鏈，而科技領域則重彈性與去中心化；外交人員講求穩定回應與法律語言，情報單位則偏好模糊與非正式回報。這些差異若未有效整合，將成為內部摩擦來源。

2022 年俄烏戰爭初期，烏克蘭成功整合民間駭客組織「IT Army」，進行對俄網路攻擊，但與正規軍方之間的合作一度產生矛盾。軍方要求作戰保密，而民間駭客偏好公布戰果，導致任務暴露風險升高。雖然這些行動取得部分戰術勝利，但若缺乏協同架構，長期而言恐反噬戰略整體性。

克勞塞維茲認為：「戰爭是一種精神與物質的總體動員。」這句話提醒我們，跨域戰爭的整合，不只是技術交錯，更是認知邏輯與行動哲學的統一。

第四節　跨域行動中的協同失誤與優勢互補

優勢互補的關鍵：建立跨域指揮中樞與作戰語言

要解決協同失誤，並真正發揮跨域行動的優勢，核心在於建立一套能包容多元邏輯、促進溝通的系統架構。

首先，是「跨域指揮中樞」（Joint All-Domain Command and Control, JADC2）的建構。此系統應具備以下功能：

一，即時整合各域資訊並同步傳遞；

二，具備預測與 AI 演算能力協助指揮者判斷；

三，能快速授權或啟動應變行動。

美國國防部自 2020 年起即投入發展此系統，試圖讓太空、網路與傳統軍種之間的作戰節奏實現「融合即戰力」。

其次，是制定「跨域作戰語言」。就如醫學界有通用 ICD 診斷碼，跨域作戰也需一套可供外交、情報、軍事、科技部門共通使用的情報與命令格式，降低誤解與溝通失效風險。

最後，是建立「互補優勢邏輯」。並非所有部門都需具備全域能力，而應建立角色分工與風險轉移制度。例如讓軍方負責攻擊性行動，科技部門負責偵測與應變，外交部門負責後續溝通與合法性維護，形成策略閉環。

第十一章　混合戰爭：跨領域交鋒的新態勢

跨域行動的勝負，決於整合品質

混合戰的本質並非單一勝利點，而是多層操作、多域進擊與多樣協同。在這樣的架構下，勝負關鍵不再是某個單位是否強大，而是「整體行動系統是否無縫」。

克勞塞維茲曾說：「指揮者的最大挑戰，是在混亂中仍能維持行動秩序。」跨域作戰正處於這種高摩擦、資訊爆炸與節奏壓縮的環境。若能妥善處理協同失誤，化阻力為戰力，並設計出一套能發揮各域優勢的整合體系，國家將能在未來混合戰中，取得一場看似無形卻決定性的勝利。

第十二章
斷訊即制敵：
資訊封鎖的戰略運用

第十二章　斷訊即制敵：資訊封鎖的戰略運用

第一節　全域斷訊的戰術邏輯與代價評估

「善攻者，動於九天之上；善守者，藏於九地之下。虛實相生，乃兵之變化也。」

斷訊作為戰術手段：打斷指揮即削弱戰力

在現代戰場上，戰力的有效發揮已不僅仰賴兵力規模與武器數量，更依賴資訊傳遞的即時性與指揮協同的精準程度。從戰術單位到戰略層級，通訊鏈路的存在成為作戰效能的根本條件。而這也意味著，一旦通訊遭到癱瘓，戰場節奏將徹底失控。

克勞塞維茲在《戰爭論》中提到：「戰爭是一場對組織與節奏的破壞。」在這個層面上，斷訊不只是干擾，而是一種結構性破壞。尤其在數位化戰爭中，C4ISR體系（指揮、控制、通訊、電腦、情報、監視與偵察）高度依賴數據同步，任何斷點都可能導致整體作戰鏈斷裂。

2022年2月24日，俄羅斯對烏克蘭發動全面入侵當天，烏克蘭軍方與關鍵政府單位的大量衛星通訊服務突然中斷。後經調查發現，這是俄羅斯對「Viasat」衛星通訊網路所發動的網路攻擊行動，該攻擊導致大量終端設備癱瘓，甚至影響到波蘭與德國部分用戶，這是一場典型的「戰場前置斷訊行動」，目的即是癱瘓對方戰術應變與部署指揮的能力。

第一節　全域斷訊的戰術邏輯與代價評估

全域斷訊的作戰邏輯：控制節奏與資訊流

《孫子兵法》強調：「知可以戰與不可以戰者勝。」在此語境下，「知」即為資訊控制的核心。因此，掌握資訊主導權不單指取得情報，更包括「切斷對方獲取資訊的能力」，讓其陷於判斷失真與行動延遲的被動狀態。

現代戰場早已進入「節奏控制」的比拼。誰能先掌握敵方反應週期，誰就能先制。《戰爭論》中指出：「作戰者首要之務，在於維持我方行動的連續性，並破壞敵方之連續性。」斷訊正是用以破壞敵方節奏與認知鏈的手段之一，讓其無法判斷戰況變化、無法即時傳遞命令，進而使部隊陷於渾沌。

以以色列為例，在2021年針對哈瑪斯的「守護者行動」中，以軍即透過電子干擾與地面突襲同步進行，切斷哈瑪斯指揮體系與火箭發射單位間的通訊，使對方無法集中打擊以色列本土目標。雖未造成全面斷訊，但其「分區封鎖」戰術，已展現出現代局部斷訊對戰場掌控的高度價值。

代價評估：癱瘓他人，也可能反噬己方

雖然斷訊帶來巨大戰術價值，但其背後風險與代價同樣不可小覷。首先，全域性通訊封鎖可能波及友軍與盟國通訊體系，導致聯合作戰協同失敗。其次，若封鎖行動難以精準控管，將衍生對民用通訊與基礎設施的附帶損害，進一步造成國際譴責

第十二章　斷訊即制敵：資訊封鎖的戰略運用

與政治壓力。

更具戰略意涵的是，「斷訊」可能造成雙方進入「黑盒對撞」的危險情境——雙方皆失聯、失控、無法確認彼此意圖，反而增加擦槍走火與誤判升高的風險。這對於擁核國家之間的對峙尤其致命。

2023 年美中於南海軍事演訓期間，雙方雷達與電子偵測系統多次出現異常干擾，美方一度誤認中國艦隊可能進行高強度鎖定行動，導致臨時升級警戒。雖經快速澄清為誤會，避免局勢惡化，但此事件也暴露出，若電子封鎖與通訊干擾處置不慎，可能引發不可逆的軍事升級風險。

反制與恢復：戰場韌性的設計

為因應斷訊風險，各國紛紛強化「戰場通訊韌性」設計。具體作法包括：

一，發展多頻道通訊路徑（如同步衛星＋中繼無人機＋地面備援纜線）；

二，推動單位自主行動能力，即使失聯也能根據「任務式指導」原則作戰；

三，強化加密技術與電子訊號隱匿設計，降低被鎖定與干擾風險。

美軍在 2020 年啟動的「先進作戰管理系統」（Advanced Battle Management System, ABMS），便是一套能在通訊遭干擾情況下仍保持有限指揮與目標確認能力的架構。烏克蘭在 2022 年戰爭中亦大量導入 SpaceX 的 Starlink 衛星通訊，以確保在俄方電子戰系統干擾下，仍能維持部分通訊能力。

《孫子兵法》提醒：「治亂之道，莫過於分合。」意指在戰場上需同時考量集中與分散策略，通訊體系亦應如此。過度依賴單一系統只會放大風險，而多層備援與「失聯作戰能力」的建立，才是面對電子封鎖最有效的長期解方。

斷訊，是制敵先機，也是戰略賭注

電子封鎖與通訊中斷的應用，讓戰爭進入一個「聲音被奪、感知被奪、節奏被奪」的全新階段。這不只是技術問題，更是戰略思維的轉向。誰能先斷敵之訊、遮敵之眼、亂敵之耳，誰就掌握了先機。

然而，如克勞塞維茲所警告：「戰場的每一分勝利，都可能是未來代價的預付款。」斷訊雖有效，卻也危險。若無精確執行與明確戰略目標，可能陷己於無法控制的混亂，也可能引發誤判升級與國際干預。

因此，全域斷訊絕非單純戰術選項，而是一項牽動政治、軍事、倫理與科技的高度整合行動。唯有在充分理解風險、建立回應韌性並保持跨域協調能力下，方能真正掌握這把雙面利刃，在模糊與真實之間，奪取戰場的主導權。

第十二章　斷訊即制敵：資訊封鎖的戰略運用

第二節　衛星通訊中斷的戰場影響層次

「形人而我無形，則我專而敵分。」

戰場網路的天空依賴：衛星通訊的中樞地位

在當代數位戰場上，衛星通訊不再僅僅是軍事指揮的一環，而是整體戰力運作的「天空中樞」。它承載著全球定位系統（GPS）、高頻加密通訊、戰場圖像傳輸、即時情報分享與無人載具遙控等多項關鍵功能。正因如此，一旦衛星鏈路中斷，整體作戰架構便可能陷入癱瘓狀態。

在《戰爭論》中，克勞塞維茲指出：「軍事行動若無整體架構作為支撐，則如無地基之屋，將在衝突初始即崩塌。」今日的衛星通訊，正是現代戰爭的地基之一。尤其當多域作戰成為主流，空、海、陸、太空與網路之間的協同必須透過即時通訊實現，任何對衛星鏈路的干擾都將引發系統性失序。

2022年俄羅斯全面入侵烏克蘭首日，即展開對歐洲「Viasat KA-SAT」衛星的網路攻擊行動。此次攻擊造成數千臺衛星終端裝置同時無法連線，導致烏克蘭軍方、能源設施與邊境巡防單位通訊中斷，連帶影響德國與波蘭部分商業用戶。這一事件被北約視為首次有系統的戰時衛星通訊攻擊，為未來戰爭揭開「斷天線」的新時代。

第二節　衛星通訊中斷的戰場影響層次

第一層影響：
前線部隊的失聯與自主能力考驗

最直接的後果發生於前線。當衛星通訊癱瘓，地面部隊將失去上級指揮的即時回應，無法獲得即時空照、目標鎖定與友軍位置確認。若未提早進行「通訊中斷應變訓練」，許多單位將陷於癱瘓狀態，難以維持攻防節奏。

在烏克蘭戰場，正是因為多數部隊在戰前已訓練「Starlink備援通訊」，以及依據北約提供的「戰術自治原則」行動，即便衛星訊號受干擾，也能依據預置計畫行動，使俄方「資訊斷點攻擊」無法達到全面癱瘓效果。

《孫子兵法》曰：「令之以文，齊之以武，是謂必取。」意即軍隊應當平時即訓練「無令而動」、「失聯而守」的能力。通訊中斷本質上是對部隊自主性的戰場實測，若軍心無準、任務無授權，則一斷即崩。

第二層影響：
情報蒐集與遠端火力的失能

衛星鏈路中斷的第二重衝擊來自「情報流」的斷裂。現代戰爭中，無人偵察機、紅外線偵測器、合成孔徑雷達等設備大量仰賴衛星回傳數據。一旦衛星失能，這些設備即失去核心功能，進而讓整體偵查與打擊鏈條瓦解。

第十二章　斷訊即制敵：資訊封鎖的戰略運用

以 2020 年納戈爾諾－卡拉巴赫戰爭為例，亞塞拜然即透過土耳其支援的「Bayraktar TB2」無人機進行精準打擊，完全壓制亞美尼亞傳統火砲。然而，若此類無人系統失去衛星鏈路連線，即難以維持目標鎖定與導引彈道，淪為「飛行盲彈」。因此，對衛星的干擾等同於「斷手斷眼」，讓高科技火力系統瞬間淪為無用。

克勞塞維茲在《戰爭論》中強調：「若欲創造優勢，必先切斷敵之觀察能力。」斷訊即是最徹底的切斷：不是搶奪敵人武器，而是剝奪其判斷與反應的感知。

第三層影響：
國際連線與民用領域的同步癱瘓

衛星通訊中斷不僅限於軍事影響，更會同步牽動民用基礎建設的正常運作。包括能源調度、機場飛航、緊急醫療通訊與金融交易，皆可能仰賴衛星系統進行同步協調。一旦中斷，影響不僅在戰場，更擴及全國甚至跨國網路。

2022 年 Viasat 事件爆發後，德國風力電場的遠端監控也隨之癱瘓，導致能源調度能力短期內大幅下滑，形成「軍事攻擊造成經濟回波」的狀態。這也是混合戰與混合脅迫（Hybrid Coercion）最可怕之處──一擊不中斷通訊，卻讓整個國家因民生癱瘓而被迫讓步。

第二節　衛星通訊中斷的戰場影響層次

　　此種非對稱效果，也被中國與俄羅斯納入戰略演訓中。相關報告指出，中國解放軍已多次在聯合演訓中模擬針對西太平洋區域的商用衛星通訊節點，進行電子干擾與假信號注入測試。此類操作目的在於以低成本方式對高價值目標施加壓力，達成「非軍事手段實現軍事效果」的戰略構想，展現出中國在資訊戰與灰色地帶行動中的戰略轉型。

第四層影響：太空資產的脆弱性與反擊風險

　　從更長遠來看，衛星通訊癱瘓事件也反映出「太空資產的脆弱性」，這對所有高度仰賴太空科技的國家而言都是警訊。一旦衛星被擊落、干擾或駭入，不僅造成短期通訊中斷，還可能造成「太空垃圾」增生與軌道資源衝突，擴大為太空戰爭。

　　美國太空司令部與 NASA 近年已多次強調「衛星群組冗餘與防禦」的重要性。SpaceX 的 Starlink 計畫，除了民用通訊，更肩負「抗干擾戰場網」的任務。其分散式軌道設計可在部分衛星失效時自動切換信號路徑，保留通訊能力。

　　然而，這種分散化同時也帶來「報復升級」風險。若一方以網攻或反衛星武器破壞敵方衛星，則對方很可能視之為主動戰爭行為而升高衝突。這也是為何北約在 2021 年正式將「太空域」納入第五作戰領域，並警告：任何對衛星資產的攻擊，將視為對整體成員國之攻擊（集體防衛條款）。

第十二章　斷訊即制敵：資訊封鎖的戰略運用

太空封鎖，不只是科技問題，更是戰略預警

衛星通訊的中斷，絕不只是訊號斷線這麼單純。它是對一個國家戰場機能、社會穩定與國際定位的全方位挑戰。正如《孫子兵法》所言：「上兵伐謀，其次伐交，其次伐兵。」斷訊即是一種伐謀與伐交的融合戰術──它讓敵人無法判斷、無法應變、無法連結。

克勞塞維茲更提醒：「現代戰爭的勝利，往往取決於組織韌性，而非暴力本身。」而衛星通訊正是戰爭組織的核心支柱。一旦這個支柱被摧毀，無論擁有多強的兵力與武器，也將陷入系統性的癱瘓。

因此，未來任何有意進行混合戰、資訊戰或高科技對抗的國家，皆需思考：

一，是否具備多層次備援衛星架構？

二，是否能快速偵測並反制衛星攻擊？

三，是否已準備好在「失聯環境」中持續作戰？

唯有正視這些問題，才能在未來「無聲卻致命」的戰場中，立於不敗之地。

第三節　敵方 C4I 體系的癱瘓模式與回復期

「控制不是秩序的結果，而是秩序得以存在的前提。」

C4I 的戰略角色：現代軍事中樞的神經網路

C4I，即「指揮、控制、通訊、電腦與情報」，是現代軍事組織得以動員、協調與施力的神經中樞。在 21 世紀，無論是高強度衝突還是灰色地帶作戰，沒有 C4I 系統的有效運作，任何作戰規劃都無法轉化為實際戰力。尤其面對多域戰爭的複雜性，各軍種與多部門的整合仰賴 C4I 實現「知即行、令即達」。

在《戰爭論叢書》中，約翰・W・羅斯托指出，現代戰場最可怕的打擊已非摧毀敵人有形戰力，而是讓其無法執行作戰思維；癱瘓 C4I，即意味著癱瘓了敵人認知、調度與協調力。這樣的思維已逐漸成為新型戰略主導框架。

2022 年 2 月俄羅斯入侵烏克蘭首日，即同步發動針對烏軍與政府機構的 C4I 攻擊。透過高功率干擾、網路駭入、數據破壞與衛星通訊中斷等手段，嘗試在開戰數小時內癱瘓烏方的作戰系統。雖然並未全面成功，卻明確展現 C4I 癱瘓已成為 21 世紀開戰先手策略。

第十二章　斷訊即制敵：資訊封鎖的戰略運用

> **癱瘓模式一：**
> **通訊鏈節點的定向破壞與頻譜壓制**

C4I 癱瘓的最直接方式，是從物理與電子層面切斷指揮傳輸鏈。這通常發生在戰爭初期，目的是讓敵方無法完成任務下達與狀況回報，使指揮體系內部形成斷層，進而產生戰術混亂與部署滯後。

以色列在 2021 年「守護者行動」中即示範了一種分層封鎖模型。他們先以無人機摧毀哈瑪斯的中繼通訊車輛與地面天線，再同步釋放大功率干擾彈，針對 VHF ／ UHF 頻段進行壓制，短時間內使敵方指揮官之間無法通訊。這類行動不追求長時間癱瘓，而是為了創造「戰術黑箱」數小時，讓以軍能主動壓制其反擊節奏。

在理論上，這對應羅斯托（Walt Whitman Rostow）所言：「當系統的連結性斷裂，決策將轉為局部自動反應，而非整體調控。」意即，一旦 C4I 被打斷，戰場將從一個協調運作的統一體，變成一群無法互聯的碎片部隊，其效能與反應速度大幅衰退。

> **癱瘓模式二：網路入侵與數據汙染**

若說實體與電磁封鎖是直接破壞，那麼網路攻擊則是「偽裝而入」的潛行破壞。駭客與情報單位的滲透，不一定要讓系統關機或癱瘓，更致命的，是透過假命令、虛假地圖或錯誤座標讓

第三節　敵方 C4I 體系的癱瘓模式與回復期

整個 C4I 系統「正常運作但導向錯誤」。

2015 年，美軍於以色列與波蘭的聯合軍演中曾模擬此類攻擊。一組藍軍駭客滲透紅軍內部模擬 C4I 網路，成功修改了戰場地圖上的目標點與部隊位置，使紅軍誤以為敵軍正集結於南方並調兵應對，結果北方實際遭到空降突襲。這場演習充分揭示「資訊汙染」的破壞性往往高於單純中斷。

2017 年，美國與北約亦警告俄羅斯可能使用「網路預設點植入」策略，在和平時期即於敵方軍用網路潛伏，一旦戰爭爆發即可快速激活病毒程式，造成大規模資訊錯亂與命令系統錯位。

資訊汙染的恐怖之處在於：「你以為你還在指揮，其實早已被指揮。」正如《戰爭論》作者克勞塞維茲的觀點：「真正致命的，不是你失去武器，而是你失去對戰場的理解。」

癱瘓模式三：空間分割與時序錯亂

C4I 系統不僅仰賴即時通訊，也依賴時序同步與空間完整感知。在多域戰爭中，海、空、地、網等不同領域皆有其作戰節奏，C4I 正是協調這些節奏的關鍵平臺。一旦遭到破壞，不同領域間便會產生時序差與節奏失配，導致各單位「各自為戰」。

2022 年初，美軍模擬針對印太戰區的聯合作戰演習中，一度出現空軍與海軍因為無法同步獲取通用戰場圖資（COP, Common Operational Picture），導致對同一個目標出現攻擊重疊、

第十二章　斷訊即制敵：資訊封鎖的戰略運用

時間錯置與火力誤判的問題。這種情況下，即使系統未完全癱瘓，也可能因「訊息不一致」造成系統性誤解與行動失衡。

這在《戰爭論》中被稱為「戰場摩擦」(Friction of War)，而在 C4I 環境下，摩擦的來源不再只是地形、天候與士氣，而是技術層面的「協同失焦」與「資訊時差」。這些看似微小的誤差，卻可能成為戰術層級的大型失誤。

回復機制一：任務導向式指揮與戰場去中心化

當 C4I 系統遭到攻擊，癱瘓狀態並非完全無解。軍事戰略回應上，最核心的回復策略便是「任務導向式指揮」(Mission-type Orders) 與戰場單位的自主權擴張。也就是說，即便通訊中斷，各單位仍能根據事前授權與既定任務主動行動。

烏克蘭軍隊在 2022 年戰爭初期的成功防守，正是這套機制的代表。他們並未倚賴固定指令網路，而是透過戰前演練建立「無線通訊中斷即啟動備案」原則，讓前線小型部隊在失聯時依既定目標與周遭狀況作出行動判斷，確保不因上級中斷而陷入癱瘓。

這與羅斯托的主張不謀而合：「真正健全的系統，必須允許中心崩潰而邊緣仍能行動。」這也是現代軍事 C4I 系統設計的重要趨勢：集中整合與分散決策並存，使攻擊者無法以癱瘓中心達成全面瓦解。

第三節　敵方 C4I 體系的癱瘓模式與回復期

回復機制二：
多層備援、空中節點與商用系統整合

另一路徑是系統層級的「備援設計」與「異質系統整合」。這包括建立多頻通訊備援系統（如高頻電臺、地面纜線、無人機中繼臺）、引入空中臨時節點（如氣球、臨時衛星）與借用商業通訊網路（如 Starlink、OneWeb）進行緊急替代。

美軍的 ABMS（Advanced Battle Management System）即納入此設計邏輯，在 C4I 癱瘓時，透過低軌衛星群與即時部署的無人中繼平臺，恢復部分圖像傳輸與指令鏈接。烏克蘭軍方在失去地面電信後，即時接入 Starlink 系統，恢復小型指揮部與無人機操作的通訊能力，也是一種高度可行的平戰整合策略。

更進一步的設計是建立「自我修復型通訊鏈」，使得節點間能自動重新連線、跳頻或切換通道，避免單一節點失效導致全面崩潰。這種「戰場彈性通訊網格」目前已成美、英、日、以等國研發重點。

癱瘓與回復，是 C4I 戰場的新攻防主軸

C4I 的癱瘓與恢復，不只是技術議題，更是整體戰略結構設計的展現。癱瘓手段正朝向「精準而全面、隱蔽而致命」發展，從節點干擾、數據入侵到系統時序錯亂，讓敵方不只是無法指揮，更是無法理解自身狀況。

第十二章　斷訊即制敵：資訊封鎖的戰略運用

而回復能力的關鍵則在於兩點：一是「戰場組織彈性」，即使失去中心節點，邊緣也能獨立運作；二是「異質整合備援」，讓 C4I 系統具備分散風險與彈性修復的能力。

正如《戰爭論》中所述：「未來戰爭的第一擊，不會打在部隊，而是打在你理解世界的方式上。」C4I 就是這種理解方式的中樞，失之即盲、得之即勝。理解其癱瘓模式與回復節點，是未來戰爭設計中不可忽視的核心議題。

第四節　封鎖不只是戰術，更是戰略威懾工具

「真正的威懾力量，不在於你是否動手，而在於對方是否相信你會毫不猶豫地動手。」

封鎖的本質：從阻斷行動到投射意圖

電子封鎖、通訊干擾與資訊遮斷，過去常被視為戰術層級的作戰手段，用以支持火力運作、掩護部隊行動或干擾敵方反應。然而隨著科技進化與混合戰概念成形，這些手段已不再只是「輔助」，而成為獨立的戰略施壓工具，目的在於形塑敵方行動邊界與決策成本，進而達到威懾、分化甚至不戰而屈人之兵的效果。

第四節　封鎖不只是戰術，更是戰略威懾工具

2023 年，美中於臺海的對峙中，中方利用廣泛的電子封鎖與區域衛星干擾手段，短暫癱瘓了西南空域的民用 GPS 信號，造成航線偏離與物流延誤。雖然未明言軍事意圖，但此舉成功縮短了臺灣與國際間的戰略信任距離，同時向區域國家展示出中方在無開火情境下，亦可有效影響區域運作的潛在能力。

心理戰層面：不見血的戰爭，傷的是信心

與傳統戰爭直接造成人員與物資損耗不同，電子封鎖與通訊戰更多發生在「認知層」。當一個國家的指揮系統反應變慢、交通出現異常、商業通訊延誤，人民與軍方最先感受到的，往往不是攻擊本身，而是「信心崩潰」。

以色列國防部在 2020 年針對未來戰場的預測報告中指出：「未來戰爭的第一階段將以數據封鎖與通訊錯亂為主，目的不是擊敗軍隊，而是摧毀敵方社會對自身系統的信賴。」這反映出封鎖行動從單純技術攻擊升級為戰略心理施壓工具的轉變。

正因如此，許多國家開始將電子封鎖視為與核威懾、飛彈部署同等等級的「系統性戰略威懾工具」。

區域性封鎖的操作模型與目的設計

區域性封鎖不同於全面癱瘓，其設計重點在於「選擇性打擊」與「定向恐嚇」，也就是讓敵方明白自己的弱點已被掌握，

第十二章　斷訊即制敵：資訊封鎖的戰略運用

卻又無法確定下一步會否升級。這種戰術被廣泛應用於灰色地帶作戰與危機邊緣策略中。

2019年波斯灣油輪危機期間，伊朗革命衛隊被指以電子干擾與假 GPS 信號，引導英國油輪偏航進入荷姆茲海峽，進而實施扣留。這場封鎖並未伴隨實際軍事打擊，卻成功造成國際油價上升、區域航運改道，並迫使英國與歐盟進行緊急外交協商。

這類封鎖的關鍵不在攻擊力，而在「可控而不可預測」。其目的是讓對手無法判斷下一步，從而在決策上產生猶豫與誤判空間。這種模糊策略正如《戰爭論》所說：「戰爭的藝術，在於將模糊變為敵人的確定，而我方保持流動。」

封鎖作為談判籌碼：政治戰場的延伸工具

除了軍事與心理層面，封鎖行動亦常被用作外交與談判的籌碼。在《戰爭論》中，克勞塞維茲曾強調：「戰爭的結果，不一定來自戰場勝利，而是來自誰能更好地創造可談的壓力節點。」

2021年，美國針對俄羅斯駭客組織 REvil 發動網路制裁與數位資產封鎖時，即同步切斷其部分加密貨幣錢包與對外雲端備份管道。這場「數位封鎖」迫使該組織在48小時內公開關站聲明，並向美國司法部發送談判意向。這種「技術＋外交」組合拳，正是將封鎖行動轉化為政治成果的具體案例。

臺灣近年對於「紅色供應鏈」的應對策略也逐步朝向封鎖性

第四節　封鎖不只是戰術，更是戰略威懾工具

管理邏輯發展，透過資訊安控審查、資料中心防滲透與通訊路徑審核，預先構築「可防可控的技術威懾」，其目的並非立即對抗，而是為未來潛在談判增添籌碼與戰略緩衝空間。

封鎖，是不開火的全面戰爭

現代戰爭進入「低門檻、高衝擊」的新時代，封鎖手段的轉變，不再只是火力輔助，而是影響敵我決策系統、心理結構與國家能動性的全維武器。封鎖的目標不只是讓敵人無法行動，而是讓敵人懷疑自己是否還有能力行動。

封鎖是戰術與戰略的交會點，是戰場與談判桌的共用語言，更是和平時期權力轉移的無聲戰爭。

理解封鎖的心理邏輯、操作技術與政治效應，將成為 21 世紀所有軍事規劃者與國家安全策略制定者的必要修養。這不只是電子戰，更是戰爭語言的重構。

第十二章　斷訊即制敵：資訊封鎖的戰略運用

第十三章
平民即戰力：
資訊傳播的群眾戰場

第十三章　平民即戰力：資訊傳播的群眾戰場

第一節　社群平臺的戰時訊息放大效應

「在現代戰爭中，勝利未必來自戰場，而是來自誰能先將影像與敘事送進全世界的手機螢幕。」

資訊海嘯時代的戰場：社群平臺作為戰略武器

隨著社群媒體成為全球主要資訊傳播載體，戰爭的進行方式也產生根本變化。Facebook、Twitter（現稱 X）、Instagram、TikTok 與 Telegram 不再只是新聞來源，更成為戰場一環。從第一手戰況畫面、即時傷亡消息，到假訊息、情緒操控與政治輿論引導，社群平臺承擔的角色遠超過傳統「輿情場域」，而是兵棋盤上關鍵的心理戰武器。

根據 2022 年英國「皇家聯合軍種研究所」（RUSI）在烏克蘭戰場的研究，社群平臺的資訊傳播速度平均比傳統新聞媒體快 7～11 倍，且其影響力更具有「情境感知放大效果」，能在短時間內創造全球共鳴或仇恨。在此情境下，戰爭不再是士兵與武器的對抗，而是敘事、影像與群眾情緒的多維角力。

以 2022 年布查屠殺事件為例，當地民眾透過手機拍攝的現場屍體畫面於數小時內登上全球社群熱搜，不僅瞬間翻轉國際輿論，更迫使多國對俄羅斯追加制裁，證明了社群平臺在戰時具備「即時放大＋道德動員」的雙重功能。

第一節　社群平臺的戰時訊息放大效應

放大器效應：演算法如何強化戰爭情緒

社群平臺最具戰略價值的，不只是傳播速度，而是其「情緒放大器」的演算法邏輯。平臺會優先推送觸發性高、互動數多、視覺衝擊強的內容。這意味著，在戰爭期間，「最震撼」的畫面幾乎必定會被演算法放大至無法忽視的程度。

簡單來說，一張死者的畫面比一份外交文件更容易在全球擴散，情緒優先於真相，影像勝於理性。

烏克蘭總統澤倫斯基的團隊即深諳此理。他們將戰爭中的影像經過濾鏡強化、配上英文字幕與激昂配樂，再由各國 KOL 轉傳。這套敘事包裝策略成功讓烏克蘭在西方媒體中獲得道德高地，進而爭取援助與戰略資源。

即時直播的戰術影響：戰場透明與敵軍誤算

社群媒體直播功能亦對戰場產生實質影響。當士兵或平民在社群平臺上即時發布戰況，無形中也提供敵軍情報來源，影響部署與計劃。2020 年納戈爾諾－卡拉巴赫衝突中，亞塞拜然民眾透過 Telegram 分享的影片竟成為亞美尼亞無人機鎖定軍事集結點的座標線索。

這也造成軍事組織的雙重矛盾：一方面需要利用社群平臺發布戰果與正當性敘事，一方面又需防範部隊與支持者洩露行動機密，進而遭敵方利用。

第十三章　平民即戰力：資訊傳播的群眾戰場

因此，多國軍方近年紛紛制定「戰場社群安全守則」，要求官兵不得於戰鬥區開啟定位、不得即時分享影像、不得標記軍種單位與行動細節。這些規定試圖回應一個關鍵問題：社群平臺已成為資訊戰的雙刃劍，不善駕馭將被反噬。

輿論壓力與政策加速：平臺敘事如何左右戰略選項

當社群平臺形成強大的輿論場域，政治領導人便不得不將其作為政策決策的一環。這種「即時民意回饋壓力」雖不一定符合戰略利益，卻已成為民主國家中不可忽視的現實力量。

2022年馬里烏波爾婦孺被困地下碉堡的畫面在 TikTok 爆紅後，美國國會面臨巨大民意壓力，最終促使白宮宣布增加對烏克蘭人道救援資金。這證明了社群媒體不只是戰場敘事工具，更已具備施壓與動員政治決策的潛能。

這種動態決策模式，讓戰爭成為政治與資訊交錯的產物，也讓平臺演算法間接影響軍事預算與戰略選項。

社群媒體是現代戰爭的「第二戰場」

從影像傳播、情緒操作、情報洩漏到政策壓力，社群平臺早已不再只是戰爭的附屬品，而是主動塑造戰場節奏與戰略資源流向的第二戰場。戰爭不再只在壕溝與火炮中進行，也在短影音與推文中演化。

面對這個新型態戰爭場域，軍方、政府與人民皆須重構對「資訊」的理解，將社群平臺納入作戰規劃與國防布局，否則便將在演算法主導的戰爭中失去先機。

第二節　「自媒體士兵」與虛實混合宣傳戰

「在數位戰場上，影響不是由火力決定，而是由誰先掌握了人們願意相信的故事。」

士兵不只是作戰者，更是內容創作者

進入社群媒體世代後，戰爭中的個體不再只是任務執行者，還可能同時是資訊傳播者。這種「自媒體士兵」的角色興起，代表軍人、戰地記者甚至平民志願者，透過個人帳號向世界傳遞戰場影像、戰情觀點與情緒訊號，實質成為心理戰的一環。

2022 年俄烏戰爭爆發後，烏克蘭軍方部分單位鼓勵士兵拍攝「英勇奮戰」、「成功反擊」的 TikTok 影片，並以專屬 Hashtag #UkraineStrong 協助統一敘事調性。這些影片吸引數千萬觀看，不僅激勵國內士氣，也引發國際民眾與政要聲援烏克蘭的浪潮。

這類「微內容作戰」證明了士兵個體已不再只是命令的終點，而可能成為國家敘事策略的起點。正如羅金斯所言：「影響戰中，每一位戰鬥員都是一支攝影機，也是一把口水槍。」

第十三章　平民即戰力：資訊傳播的群眾戰場

敘事就是火力：虛實交錯的攻心戰線

　　自媒體士兵的影響力來自其真實感。相比政府發布的新聞稿或軍方的戰報，個人拍攝的戰地影片、直播與日誌擁有更高的情感黏著度與真實可信度，容易產生同理心與動員效果。這種情緒感染力成為資訊戰中的「心理火力」。

　　以 2023 年黎巴嫩邊境某以色列士兵在 X 平臺進行的日常哨站直播為例，該士兵以輕鬆語氣描述守備生活，同時強調「以軍正保護家園」，三日內吸引超過百萬次觀看，引起以色列國內外高度關注。而當哈瑪斯透過匿名帳號指控以軍虐待平民時，反因這類士兵先前已建立的正面形象，使輿論普遍傾向相信以方說法。

　　這就是「先聲奪人」的社群心理戰應用。它不再以火力為主體，而是透過虛實混合訊息戰搶占敘事主導權，先發制人。正如羅金斯指出：「在資訊飽和的世界裡，誰先說，誰就先被信。」

個人化敘事的戰術價值與風險邊界

　　儘管自媒體士兵的存在帶來巨大宣傳優勢，但其風險亦不可忽視。當戰場影像由個體主導，軍事機密、地理位置與人員狀況也更容易外洩。此外，過度個人化的敘事若與國家主線脫節，可能反成破口，造成內外資訊矛盾。

　　2021 年緬甸政變期間，一名國軍士兵於 TikTok 上發布其部隊射擊示威者的畫面，引起國際譴責與社群封殺潮，該影片也

第二節 「自媒體士兵」與虛實混合宣傳戰

成為國際制裁軍方的重要證據。這類事件證明「敘事失控」可能導致戰略後果。

因此，許多國家軍方近年來陸續制定「戰地社群行為規範」，如美軍的 OPSEC（Operations Security）指引，要求部隊成員不得擅自揭露戰場位置、不得拍攝武器配置與未授權行動影像，並設置審核機制與違規處分制度，確保敘事與戰略一致。

混合宣傳機器的形成：
國家、軍人與 KOL 的結盟策略

現代資訊戰不再由政府單一部門執行，而是形成多層次的「敘事聯合陣線」，包括政府新聞單位、軍事社群管理部門、自媒體士兵、戰地記者與社群意見領袖（KOL）。這種「宣傳平臺化」的操作方式，更靈活，也更具影響力。

2022 年，澤倫斯基政府積極與烏克蘭各類社群網紅與自媒體合作，包括邀請知名內容創作者、街訪頻道與國際行銷團隊，協助進行戰地報導、募資影片拍攝與國際輿論動員。此外，動保組織 UAnimals 也在戰爭期間發起多場募款與國際救援倡議，成為烏克蘭民間社群力量的重要一環。這種「非官方包裝＋官方策略目標」的混合宣傳方式，成功使戰爭敘事不再只有血與淚，而有更多人性與幽默的面向，更易於傳播與被接受。

國家若能讓資訊傳播從封閉變開放、從命令變合作，即能將每位網友化為作戰資源。

第十三章　平民即戰力：資訊傳播的群眾戰場

個人敘事就是國家資產

在社群平臺全面滲透的戰爭時代，自媒體士兵不再只是旁觀記錄者，而是戰場上另一種「部隊」——他們以影像為武器，以同理為彈藥，對內激勵民心、對外影響輿論，實質成為混合戰的一環。

但這把武器同時雙面。若無制度規範與敘事引導，則容易發生機密洩漏、敘事分裂甚至反噬風暴。因此，建立明確的社群行為規範、培訓軍事媒體素養、強化敘事協調機制，將是現代軍事系統不可或缺的基礎工程。掌握這些個體的敘事方向，國家將在不見硝煙的戰爭中，悄然主導勝局。

第三節　平民使用資訊工具的戰略性回饋

「在這個資訊自造的時代，平民不再只是被動接收戰爭結果的人，他們是戰略回路的一環，是情資來源，也是國防的潛在手臂。」

平民參與新形式：從觀看者到情報節點

隨著數位科技普及與智慧手機的全面滲透，戰爭已不再只是軍人之間的衝突。今日的平民，特別是在衝突地區或網路空間中的使用者，已經成為軍事行動中不可忽視的戰略參與者。

第三節　平民使用資訊工具的戰略性回饋

他們拍攝戰場現場、上傳軍隊動向、標記爆炸點位置，這些舉動不僅具有傳播價值，甚至直接改變前線決策。

2022年烏克蘭戰爭爆發後，烏克蘭政府迅速建立一套「全民資訊應用行動網」：透過名為「eVorog」（意為「電子敵人」）的通訊應用程式，讓平民可即時上傳可疑行蹤、敵軍路線與砲擊來源。烏軍則利用這些即時群眾回報交叉比對衛星與無人機圖資，精準調整火力配置。

這種「戰術級參與」的資料回饋，來自原本最不起眼的資訊單位：一位農夫拍攝俄軍坦克路徑的影片、一位母親上傳子女學校附近的爆炸聲音軌跡。當平民有意識地使用科技工具，他們就不只是目擊者，而是形成國防神經網的纖維。

地圖標注與戰場即時回報：科技轉換平民角色

資訊工具的普及讓平民能以幾近軍事水準的方式參與戰爭空間的感知與回饋。最常見的例子，是「地圖標注系統」與「即時視覺回傳機制」的運用。

在2023年以色列與哈瑪斯的交戰期間，以色列民間出現被稱為「Digital Iron Dome」的線上協作網路，居民透過App與社群平臺即時標注火箭落點、無人機目擊與疑似電磁干擾區域。這些資訊經過初步審核後快速傳入以軍後臺，顯著提升反應速度與資源部署效率，成為戰時數位民防的一大創新模式。

第十三章　平民即戰力：資訊傳播的群眾戰場

這類平民參與戰場監測的行為，是傳統軍事概念中所未曾設想的「戰略級大眾回饋」。這正反映出臺灣未來若面臨灰色地帶衝突，亦需考慮如何建立一套可管理、可整合、可匿名的資訊回報平臺，使平民能在戰略與倫理安全框架下發揮協作功能。

社群協作型情報：集體智慧的戰略放大

平民參與不止於單點式資料回報，更可透過社群協作產生複雜型智慧運算，形塑情報面貌。例如，一段俄軍車隊行進的影片經由 Telegram 群組分享後，群眾會根據建築物、陰影方向、車型特徵與交通標誌，迅速推測其座標，這種被稱為「開源情報群」的現象，在俄烏戰爭期間大量出現。

由於這些民間協作網多具高專業背景（如攝影師、地理資訊師、退役軍人、業餘航空愛好者），其資料準確度甚至高於傳統媒體與部分軍事情報系統。以知名開源組織 Bellingcat 為例，他們透過平民自願者蒐集與解碼俄軍在烏克蘭的戰爭證據，多次提供國際刑事法庭調查參考，改寫資訊掌控者的定義。

這類協作式情報反映出一項關鍵事實：「資訊能力的壟斷早已被打破，現代戰場真正的決策差距，在於誰能善用散布在全球的匿名智慧。」

第三節　平民使用資訊工具的戰略性回饋

平民數據的反向風險：敵人也能讀取你的恐懼

儘管平民參與資訊戰具有高度戰略價值，但若缺乏管控，這些回報資訊也可能成為敵方判斷攻擊成效、調整心理戰與施壓策略的依據。亦即，敵方可以「閱讀民眾的恐懼地圖」，透過分析爆炸點回報熱區、情緒性貼文分布與撤離行為趨勢，快速找出最具心理震懾力的目標。

在 2022 年俄軍轟炸烏克蘭城市基輔期間，俄方分析了 Telegram 上與地區爆炸相關的「# 避難 # 求救 # 俄軍來了」貼文熱度分布，成功預測並強化對民眾恐慌反應最強的地段施壓，造成烏方內部短暫混亂。這是「資訊自傷」效應的實例。因此，建構具備去辨識性、節制分享範圍與集中分析的平民資訊戰架構，已成為國防轉型的優先任務之一。

平民資訊能量，是國防新邊界

平民所掌握的智慧型手機、社群帳號與地理標記工具，不只是通訊工具，更是戰場節奏的回饋節點與決策參數來源。在這個資訊高度流動的戰爭時代，每一位公民皆可能是戰略生產鏈中的一環。

然而，要使這股能量真正成為國家優勢，必須透過制度化設計、數據安全機制與教育推廣，讓「平民參戰」不只是情緒反

第十三章　平民即戰力：資訊傳播的群眾戰場

應，而是有意識、有規劃的國土防衛參與行動。

　　國防若想真正貼近現代社會的運作邏輯，就不能將平民排除在戰爭思考之外，而應該設法讓每一則訊息都能轉化為國家戰略的回饋素材。這不是科技浪潮的附帶現象，而是未來戰爭不可逆的主幹演進。

第四節　真實與假訊息的行動回饋鏈

　　「資訊戰最致命的不是謊言，而是讓你無法確認自己是否還活在真實中。」

認知戰的本質：混淆比錯誤更有力

　　在數位戰爭時代，敵我雙方早已不再以純粹事實對抗，而是爭奪「現實的解釋權」。認知戰的核心目標並非單一假訊息的傳播，而是創造一個充滿混亂與不確定的資訊環境，使對手決策癱瘓、群眾信任崩潰，進而達到戰略效果。

　　2022 年烏克蘭戰場上，俄羅斯與烏克蘭雙方皆大量使用社群平臺推送影片與圖片，有些真實、有些混剪、有些改圖。當觀眾難以分辨真偽時，整體資訊系統的可信度即下降，政府聲明再也無法穩固群眾信任，這正是「資訊焦土戰」的典型策略。

第四節　真實與假訊息的行動回饋鏈

假訊息的戰術目標：引導錯誤決策與誤導行動

假訊息並非單純為混亂而存在，它常常有極清楚的戰術指向：引誘錯誤部署、誤導戰略評估、製造內部不協調或轉移輿論焦點。這類假訊息的行動回饋鏈，從發布、擴散到決策層影響，形成一個完整的錯誤行動循環。

2020年亞美尼亞與亞塞拜然戰爭期間，亞塞拜然軍方曾放出一段聲稱亞美尼亞軍隊大規模南下的影片，實為五年前的軍演畫面經過重新剪輯。亞美尼亞媒體誤信此訊息後即發布警報，導致部分部隊錯誤機動，結果陷入亞方真正伏擊地帶。此案例顯示，假訊息一旦進入指揮系統，便會直接轉化為戰場損耗。

平民傳播機制：不自覺的「認知協力者」

假訊息之所以難防，關鍵在於其傳播機制多半非出自敵軍直接發布，而是透過第三方、平民、自媒體甚至無意識分享者進行。這些人未必心懷惡意，但卻成為整個資訊戰的「認知協力者」，擴散與加速假訊息的滲透與轉化。

2022年4月，烏克蘭某網紅轉發一段誤指為「俄軍性暴力證據」的影片，後經查證為電影畫面，但影片已累積三千萬次觀看，導致烏俄間激烈的外交衝突。此事件中，該網紅本人未有

第十三章　平民即戰力：資訊傳播的群眾戰場

敵意，卻無意中加劇戰爭資訊對抗，也使真實受害者故事因此被質疑，削弱了國際同情效應。

自動化訊息操控：
AI生成內容與假帳號軍團的結合

隨著人工智慧技術發展，假訊息的生成已從人工剪輯進入AI自動化階段。透過深度偽造（Deepfake）、自動新聞撰寫模型與社群機器人，敵對勢力可在數小時內創造出「足以改變政策走向的資訊洪流」。

2023年，美國防部揭露一次針對北約的假訊息攻擊行動，該行動由來自中亞的虛擬內容農場發起，利用AI生成的圖片與新聞稿偽造波蘭政府「暗助俄軍」的合作協議，並透過數百個假帳號同時發送與轉推，短短六小時內成為歐洲多國政治焦點，迫使波蘭外交部出面澄清。

AI生成技術讓假訊息的規模與速度遠超過傳統辨識機制。更危險的是，其「半真半假」的敘事策略讓反駁變得更加困難，因為攻擊者往往故意摻雜真實資訊，使揭露變得模糊且延後，錯誤訊息已完成任務時，真相才被揭露。

第四節　真實與假訊息的行動回饋鏈

辨識即戰力，控制資訊等於控局

面對假訊息與認知戰的交織局面，戰略防禦的核心不再只是網路防火牆與社群控管，更是如何在國內外資訊系統中建立「快速辨識、準確澄清、有效引導」的回應鏈條。這包括軍事指揮系統的情報來源多元化、公民社群的媒體素養訓練、以及跨平臺即時反應機制。

同時，國防思維亦需轉變：資訊環境本身即是戰場，社群帳號、影片來源、評論引導、搜尋結果排序，都是可操作、可威懾、可反制的戰略空間。

假訊息之戰從不只是技術問題，而是政治、戰略與認知三重結構的賽局。在這場看不見硝煙、卻能影響千萬人情緒與政策走向的戰爭裡，真相雖弱，但若能被快速辨認並有組織地反擊，仍舊是最具威力的戰略資產。

第十三章　平民即戰力：資訊傳播的群眾戰場

第十四章
資安就是國防：
從紅隊到實戰防禦

第十四章　資安就是國防：從紅隊到實戰防禦

第一節　從滲透防堵到主動防禦的戰略演進

「真正的資訊安全不是築一道高牆，而是讓敵人無法確定你是否在牆後等他。」

傳統防禦觀的終點：滲透不可避免，唯有延遲與回應

長期以來，資訊安全防禦的主流邏輯建立在「築牆」與「設定邊界」的思維上。防火牆、入侵偵測系統（IDS）、入侵防禦系統（IPS）與權限控管構成了資安體系的第一道防線。然而，當敵人採用零日漏洞、社交工程與 AI 輔助滲透工具時，再高的牆也可能在一夜之間被跨越。

以 2017 年「永恆之藍」（EternalBlue）漏洞為例，北韓（美方懷疑）多個網路攻擊單位利用微軟尚未公開修補的系統漏洞，短短數日內入侵全球超過二十萬臺主機，連英國國民保健署（NHS）都因此陷入癱瘓。這次攻擊證明，再完善的防火牆，也無法預防一個尚未揭露的內部漏洞。

資訊安全不只是防線，更是戰略框架的一部分

當資訊系統成為國家治理與軍事作戰的神經網絡，資安的角色也從 IT 維運升級為國防主體。這種結構轉變，使得資訊安

第一節　從滲透防堵到主動防禦的戰略演進

全不再只是技術問題，而是牽動戰略節奏的關鍵機制。資安事件不僅能癱瘓基礎設施，更能觸發社會恐慌、擾亂外交節奏與造成戰場資訊斷鏈。

2022 年 2 月 24 日，俄羅斯入侵烏克蘭當日，烏國最大網路供應商 Ukrtelecom 與軍用通訊衛星 KA-SAT 即遭受精密網路攻擊，導致多數前線部隊短暫失聯。美國「網軍司令部」隨即派出駐歐洲第 39 資安旅進行反制行動。這顯示資安已不再是開戰前的預備動作，而是與砲火同步啟動的「電子第一波」。

這一戰略認知轉變也展現在美國《2023 國家網路安全戰略》中，首次正式納入「主動型防衛行動」（Defensive Cyberspace Operations Response Actions, DCO-RA）概念，將預警、誘敵、回擊與部署資訊操控作為整體國防規劃的一部分。

主動防禦：由守轉攻的系統性重組

所謂「主動防禦」，並非單純指進攻性駭客行動，而是一套融合戰略預測、威脅狩獵（threat hunting）、誘餌技術（honeypots）、即時回擊與情報整合的防衛機制。其核心精神在於：主動察覺、預設交火點、模糊自身弱點，並在必要時於敵人未出手前先擾亂其結構。

以色列國防軍（IDF）旗下的第 8200 單位即為此概念的實踐者。該單位不僅建立軍事網路監控系統，更針對可能的敵對行動構建「預應變模擬」，每日進行多次虛擬敵情測試與自我滲透

第十四章　資安就是國防：從紅隊到實戰防禦

演練,稱之為「戰術預示」計畫。這使得 IDF 面對如伊朗、敘利亞甚至非國家駭客集團時,能持續保有「戰略主動性」。

2021 年以色列供水系統遭受伊朗駭客組織「MuddyWater」入侵,意圖修改加氯濃度。8200 單位透過誘餌伺服器預先偵測其行動模式並反向干擾,使駭客誤判其已達成目標。這種防守中帶有反制的模式,正是主動防禦邏輯的實踐樣貌。

防禦空間的重新定義:資訊邊界的解構與再建

主動防禦的發展迫使軍事與政府資安部門重新思考「邊界」的意義。傳統防禦假設有明確內外之分,資訊邊界清楚可控;但當工作模式雲端化、通訊工具去中心化、敵人行動匿名化後,所謂「防線」反而成為一種錯覺。

在此架構下,「可信賴空間建構」成為主動防禦的基本前提。美國國土安全部(DHS)與 CISA 提出的 2022 資安白皮書即強調:「未來所有系統皆需以不信任為設計出發點,並將驗證與回應內建於每一層通訊中。」

主動防禦亦強調行動即反應的能力:如南韓資安司令部針對北韓駭客入侵事件,實施針對性「反滲透訊號干擾」,不僅封鎖入侵路徑,更透過行為回溯辨識出潛在關聯駭客網絡,進而建構動態風險圖像。

防禦不是靜止，而是行動中的力量

從防火牆到誘餌伺服器，從封鎖入侵到反向追蹤，資訊安全的戰略核心正從「守株待兔」轉為「打草驚蛇」，從被動封鎖轉為主動塑局。主動防禦不是一種技術，而是一套跨越軍事、外交、社會層級的整體戰略姿態。

資訊安全的最終目標不只是自保，而是創造一種讓敵人無法確定的戰場結構——模糊、主動、不可預測。

第二節　國防資安架構的風險預警與回應模型

「若無法在敵人啟動前預警，就只能永遠在他攻擊後補洞。」

資安戰場邏輯轉變：從即時偵測到預判攻擊鏈

在資安領域，「提早知道」的價值早已超越「快速修補」的能力。國防資安架構正由被動式的事後通報邁向主動式的預測體系重構，其核心邏輯為「風險先現形，攻擊才難成形」。所謂預警，不僅是收到警報，而是能夠從零星異常、模糊行為與背景行動中提前拼湊出「攻擊意圖輪廓」。

自 2020 年起，美國國安局 (NSA) 與美軍網路司令部 (US-

第十四章　資安就是國防：從紅隊到實戰防禦

CYBERCOM）推動導入「威脅主動獵捕」(Threat Hunting）邏輯，以提升對潛在敵對行動的預警能力。該機制透過分析數百萬筆內部網路流量，辨識出異常與高風險活動樣態，並結合人工智慧進行行為模式建模與事件回溯追蹤。其核心戰略目標不在於事後偵測，而是提前掌握敵方潛在行動輪廓，實現「在敵人發動攻擊之前，就已鎖定其行動軌跡」的主動防禦思維。

預警系統三層模型：感知－判斷－行動鏈接重構

國防級資安預警體系一般分為三層：

- **感知層（Perception Layer）**：聚焦於流量、存取、設備異常行為，即時蒐集日誌、事件與警訊。
- **判斷層（Evaluation Layer）**：利用資料分析、行為模式建模與關聯矩陣進行風險評估與可疑路徑追蹤。
- **行動層（Response Layer）**：即時封鎖、隔離與跳板中斷，並同步自動通報至指揮鏈與備援系統。

以色列國防軍（IDF）的「梅塔爾情報預警系統」（METAR Intelligence Grid）即採此三層邏輯，其資料分析端由第8200單位與國安研究院聯手操作，透過整合軍用網路、衛星流量、網際網路事件與開源情報，能預判攻擊行為並設下誘餌伺服器，引誘對手入侵假目標。

這種全鏈式架構強調「跨層通報、跨時運算與跨域協同」，

不再以單點防禦為核心,而是將「資訊流動」本身視為國防控制的基礎元素。這對於強化臺灣國防網路多層備援與彈性調度能力,具高度啟示性。

回應體系的轉型:從通報中心到指揮作戰單位

傳統資安體系往往將「回應」視為 IT 部門的工作,但在軍事與關鍵基礎設施中,資安事件已等同於「主權攻擊」或「武裝衝突」。因此,回應單位不再只是技術支援中心,而必須升格為具備即時決策、作戰調度與系統隔離權限的「資訊指揮單位」。

美國網戰司令部(CYBERCOM)2021 年起明確規範所有資安回應操作均須由具軍階之官員主導,並與作戰指揮鏈同步更新風險通報狀況。以 2023 年針對北約成員國的 APT29 滲透事件為例,美軍於接獲初步偵測回報後,三小時內完成跨境雲端資源隔離,十四小時內完成聯盟內部情報交換與溝通協定更新,並同步展開針對類似攻擊手法的「反滲透行動模擬演練」,展現從資安通報到行動部署的一體化指揮應變能力。

臺灣國防部目前正朝此方向推進,國防部資訊處與軍情局正研擬設立「資安行動中心」,將原屬防務資訊室之資安人員升格為「戰場即時指揮支援體系」的一環,使資安回應具備作戰指揮權與戰時授權彈性。

第十四章　資安就是國防：從紅隊到實戰防禦

> ### 情資整合平臺的關鍵：
> ### 多部門聯防與民間通報協作

資訊預警並非封閉作業，現代國防資安體系須整合來自外交、經濟、內政、民間與科技部門之跨域情報來源，建立「資訊風險地圖」與「國土數位威脅態勢圖」。唯有如此，方能提前調度系統防護資源與政策性風險控管。

美國「國家資安聯防中心」（NCCIC）即為此概念的實踐平臺，該中心整合聯邦機構、州政府、軍方、國營企業與重要民間基礎服務商的事件通報資訊，並與 CISA、NSA 與 FBI 設有即時交換機制。其結構基礎為「雙通道早期警示系統」，包括：

- **紅色警示通道**：重大滲透事件之加密即時警報
- **灰色預警通道**：可疑但未確認的背景威脅情資

臺灣在 2023 年開始試辦之「全民資安聯防平臺」也有類似設計，將中油、臺電、航港局、金融業資安組織納入回報節點，未來若能與軍用網路、災防網整併，將可大幅提升早期辨識與跨域協防能力。

> ### 從感知到行動，資安預警體系是一場系統戰

在當代戰爭中，敵人往往在尚未出現子彈與飛彈之前，已在你的資料庫裡安插節點。資訊戰的本質已不再是是否能夠攔截，而是能否提前感知、快速應變與決策連動。預警不是一種

機制,而是國防意志在數位場域中的具體展現。

建立一個可演化、可連結、可備援的風險預警與回應模型,是資訊時代保衛國土的必要前提,也是未來數位戰場勝負關鍵所在。

第三節　虛擬演訓與紅隊對抗系統建構

「沒有經過模擬戰敗的部隊,就不會在真實攻擊中成功防守。」

虛擬演訓成為新國防常態:模擬攻擊才有實戰思維

在資安戰爭成為現代衝突核心之一的背景下,單靠教條訓練與靜態教材已無法滿足國防人員對應實際威脅的需求。國防組織開始大規模導入虛擬演訓系統,以模擬真實入侵、滲透與破壞行為來強化「實戰級反應能力」。

紅隊,代表模擬攻擊方,故意扮演敵人角色,使用各種滲透手法對藍隊(防守方)展開全方位入侵。

這種訓練已廣泛應用於美軍 CYBERCOM、以色列 8200 單位、日本防衛省的 C4I 防衛大隊等先進國家軍事單位,並強調「高壓、即時、不預警」的演練方式,讓國防人員在極短時間內做出決策與修補,達到臨戰反應訓練的效能。

第十四章　資安就是國防：從紅隊到實戰防禦

紅隊的戰略定位：不是駭客，是國防智力機關

紅隊不只是模擬攻擊，更是一種智力系統的建構者。他們需具備敵對思維、模擬心理與反守邏輯，深入理解潛在對手的行動框架與技術運作，才能夠設計出逼真的攻擊情境。

以美國國土安全部（DHS）轄下的「紅方演訓單位」為例，其組織成員涵蓋退役駭客、心理戰專家、行為學分析師與 AI 資料建模工程師。他們的任務並非入侵成功，而是設計出「可推動藍方決策升級」的高壓對抗場景。

例如：2021 年美國在多州針對能源基礎設施進行紅隊滲透演練，模擬包括北韓 APT 組織常見的入侵手法，如魚叉式網路釣魚與惡意程式植入。演練中，紅隊成功癱瘓部分監控系統，並模擬對多個發電控制節點的干擾行動。此次模擬突顯出能源系統在面對國家級駭客威脅時的脆弱性，促使防守方（藍隊）全面升級其資安即時應變流程，並將原定於半年後部署的雲端防護系統提前實施。此案例亦成為美國強化關鍵基礎設施網路安全的重要警訊。這即是紅隊價值的展現。

複雜對抗的模擬平臺：建構虛擬作戰環境

紅隊與藍隊的演訓無法仰賴紙上作業，必須仰賴高度還原作戰條件的「虛擬對抗環境」。此平臺不僅仿真資料流、通訊協議與系統配置，更內建錯誤觸發條件、隱藏後門與延遲訊息設

第三節　虛擬演訓與紅隊對抗系統建構

計，使參訓者真正體會到「資訊迷霧」與「系統錯判」的風險。

以以色列國防軍的「模擬數位戰場平臺 Cyberium Arena」為例，該系統內建逾兩百組不同攻擊情境，包含從釣魚信、社交工程、勒索病毒、內部人員背叛到 IoT 裝置滲透等，演訓時間長達 48 小時至兩週，過程中全面禁用 AI 輔助，強化人員自主研判與情資綜整能力。

臺灣目前已逐步建構以 Cyber Range 架構為核心的資安演練平臺，例如在資安大會中推出的「CYBERSEC ARENA 資安競技場」，提供實境模擬攻防環境，涵蓋紅隊訓練、威脅偵測與應變決策。另由國家資通安全研究院主導，積極推動資安政策研析與演練支援，亦為未來擴大戰備模擬奠定基礎。若未來能將此類平臺進一步整合至國軍資訊作戰指揮體系，導入如 AI 滲透測試、戰時通訊中斷模擬等功能，將可大幅提升我方整體資安演練深度與軍民協同防護能量。

復盤與指揮鏈回饋：紅隊的真正價值在演訓後

紅隊演訓的真正精華，不在攻防過程，而在復盤階段。藍隊是否能自我修正？指揮官是否能分析反應節點的延誤原因？指令系統是否能在下一場更快速傳遞？這些問題，決定了整體國防體系的成熟度。

在美軍 CYBER STORM VII 系列演訓中，每場對抗結束後均設有三層復盤：

第十四章　資安就是國防：從紅隊到實戰防禦

- ❖ **技術層**：檢視事件判斷是否準確、修復是否有效、日誌是否完整
- ❖ **行動層**：確認各部門之間的協作節奏與任務銜接是否流暢
- ❖ **指揮層**：討論整體應變是否符合預定政策、風險容忍度是否妥當

紅隊於復盤過程中提出的攻擊成功點、藍隊誤判環節與系統漏洞，常被納入軍事建制與國防修法建議，顯示其在國家資安治理中的關鍵定位。

臺灣在 2023 年持續推動跨部門資安演練，部分演練已嘗試導入紅隊回饋機制，例如由數位發展部與國家資通安全研究院主導，結合關鍵基礎設施與產業場域，進行紅藍對抗與攻防模擬。相關技術支援由資策會、工研院等研究單位協力執行，並獲得民間企業與產業團體的實際投入。未來若能進一步制度化演練程序，並納入立法院資安小組觀察機制與國安單位情資研判鏈接，將有助於提升政策滾動修正效率，推進我國資安政策的立體化與戰備化發展。

演練不是預備，而是作戰本身

資安不只是防線建設，更是決策實踐。紅隊訓練不只是讓系統更強韌，更是讓組織能在壓力下做出正確判斷、提升戰場感知與戰術反應。虛擬對抗系統的建構與復盤，正是資安戰爭

現代化的靈魂。

未來國防體系的資訊戰力高低,不在防禦有多厚,而在於平時能否經得起自己的紅隊一次次攻擊,並在每一次模擬戰敗中提早準備下一次真實的勝利。

第四節　民用與軍用資安的雙重整合挑戰

「當軍方與民間的網路架構相依共存,資安戰場就再也沒有前線與後方之分。」

軍民交錯的數位基礎:現代戰場的新結構

在過去的戰爭邏輯中,軍方系統與民用設施有明確的界線:前者屬於主權控制,後者屬於社會基礎運作。然而隨著 5G、雲端運算與物聯網的廣泛應用,兩者早已密不可分,許多軍事作戰與國防指揮系統仰賴民間通訊網路、雲端平臺與供應鏈資料。

2022 年俄羅斯攻擊烏克蘭期間即發生此類事件。俄軍在入侵前夜先對烏克蘭的民營衛星通訊業者 Viasat 發動駭客攻擊,癱瘓大量終端設備,導致烏軍與多個邊境民防組織通訊中斷超過數小時。這暴露出即便軍方設備完好,只要關鍵的民用環節癱瘓,整體國防體系仍可能崩潰。

第十四章　資安就是國防：從紅隊到實戰防禦

資源與語言的落差：協同作戰的制度斷層

在協作層面，軍民雙方常面臨「語言不通」的情況。軍方強調保密、即時、戰術連貫性；而民間重視效率、營運連續性與資料透明。這導致雙方即便共享威脅資訊，也常因回應節奏、風險容忍與政策解讀不同，無法有效整合。

以臺灣為例，2023 年正式成立的「國家資通安全研究院」被視為強化軍民資安協作的重要節點，負責整合資安技術資源、推動情報共享與支援跨部門演訓。該院的成立象徵臺灣資安治理邁入制度化與實戰化的新階段。然而，部分民間企業在實務合作中反映，軍方與行政體系在資安應變上仍多採封閉式管理與單向通報，較難對接企業內部的通報流程與彈性調度需求，導致跨部門協同仍存落差。相對而言，以色列透過其「CyberNet 整合平臺」將 8200 單位與民間科技業建立快速通道，一旦某系統遭到異常流量攻擊，即同步通報國防部資安總署、通訊商與伺服器業者，實現真正「平行回應」。

解決制度斷層的核心，在於設立「互認機制」與「快速聯動通道」，例如：

- ❖ 建立資安事件等級分級制（Level 0~4），雙方依程度共享資訊
- ❖ 明定「國防應變對象清單」，特定民間單位納入指揮架構
- ❖ 設立「軍民混合應變單位」，由資安署、通訊監理與國防部三方常駐交叉支援

第四節　民用與軍用資安的雙重整合挑戰

關鍵基礎設施的雙軌風險：誰在保護誰？

根據歐盟資安機構 ENISA 定義，現代關鍵基礎設施（Critical Infrastructure, CI）包含能源、運輸、金融、通訊、供水與數位服務等六大面向，其中絕大多數為民營或公辦民營（如電力、電信業者）。然而，這些設施一旦遭攻擊，其結果將立刻波及軍事指揮、災防調度與社會穩定。

2021 年美國 Colonial Pipeline 遭勒索軟體攻擊即為一例。該企業為美東最大燃油輸送系統之一，其系統被癱瘓後引發大規模交通與能源危機。雖由 FBI 協助處理，但整起事件突顯美軍儘管有世界最強網軍，卻無法直接介入一家民間石油公司的資安體系。

因此，「軍方保障民用設施」與「民間支援國防作戰」的雙軌互信制度，成為未來國防資安戰略不可或缺的一環。以英國為例，國防部與 GCHQ（政府通訊總部）共同運作的「CISP 平臺」（Cyber Security Information Sharing Partnership）讓民間可主動上傳可疑威脅，同時獲得來自國防資安單位的回饋，並透過模擬演練建立默契與作業模式。

技術轉移與資料共管的法律瓶頸

軍民整合也面臨高度敏感的資料治理與技術共享問題。當國防單位持有高階入侵分析工具與網路掃描資料時，是否可移

第十四章　資安就是國防：從紅隊到實戰防禦

交民間？民間若蒐集到敏感流量異常，是否有義務上報？這些都涉及國安、隱私、商業秘密與民主監督的多重張力。

例如：美國國防部在 COVID-19 期間授權微軟協助建置雲端防疫資料平臺 JEDI 時，即引發國會對「民間科技企業是否掌握軍事運作核心資料」的質疑。而臺灣在「個資法」與「國家資通安全發展法」之間，仍缺乏針對「戰時資料快速共享機制」的法制明確性，使得民間即便掌握威脅資訊，也可能因顧慮法律責任而選擇不通報。

此情況呼籲政府建立三項制度配套：

- 制定軍民資安合作專法，明訂在特定情況下可資訊共享
- 建立「資料共管標準」，區分密等與非密等技術資訊範疇
- 推動「戰時授權暫行規範」，確保資安通報於危機時刻合法且即時

建立共同防線，需要制度、信任與演練

現代戰爭已非單一軍種能面對，尤其在數位戰場上，沒有哪一方能單靠自己。軍方需要民間技術、民間仰賴軍方威懾，而整體社會的資安韌性，正取決於這兩者能否快速溝通、即時共享與協同應變。

若未能建立明確制度、合理授權與演訓共識，任何一場數位戰爭終將在分裂中自敗。

第十五章
下一戰場：
未來科技與智慧武力的極限對決

第十五章　下一戰場：未來科技與智慧武力的極限對決

第一節　生成式 AI 的戰場應用：語言模型如何操縱信念

「在資訊泛濫的戰爭時代，語言不是表達工具，而是形塑現實的建構機器。」

戰爭敘事的新推手：語言模型的崛起

隨著生成式 AI 技術的進化，語言模型（如 GPT、Bard、Claude）已不再只是文字輔助工具，而成為可以大規模生成敘事、操作輿論、影響信念的演算法力量。在這樣的背景下，戰爭的語言不再僅由人類構思，而可能由演算法「產製」。

美國國防部自 2021 年起就開始研究如何利用 GPT-3 及其後續架構模擬戰時語言散布行為，包括假訊息製造、情境演練回應與敵方社群滲透測試。根據美國 DARPA 內部報告，語言模型能在極短時間內生成「情緒強化型敘事模版」，以最能觸發特定族群焦慮或認同的方式重寫新聞、製造爆點標題與回應。

假訊息生成的工業化：內容洪流中的真實崩壞

生成式 AI 的最大戰場優勢，在於其內容生產速度遠超人類。傳統網軍需數百人才能營造輿論氛圍，如今只需一個多模組語言模型即可在 24 小時內產生數十萬則「真假參半」的貼文、回

第一節　生成式 AI 的戰場應用：語言模型如何操縱信念

應與社群擴散語句。

2022 年俄烏戰爭期間，俄羅斯資訊戰部門便被揭發利用自動化 AI 語言模組，針對烏克蘭與西方社群產出大量模擬西方語氣的假新聞，內容包含戰爭現場誤導、偽造外交回應、製造內部分裂等。這些訊息的格式與用字皆近似真實媒體，不少民眾難以辨識真假。

烏克蘭戰略傳播單位（StratCom）特別針對這類 AI 生成資訊建立「敘事對抗分析小組」，運用語言風格比對與語料庫驗證試圖篩選可疑來源，然而當 AI 能寫出比人類更動人的假新聞時，真實將不再靠邏輯站立，而只能靠信任存活。

敘事武器化：戰略目標導向的語言操控

生成式 AI 不僅能快速產出內容，更能根據不同戰略目標調整語調、選字與敘事結構。例如：針對敵方民眾情緒設計「焦慮灌輸式」內容；針對盟友群眾設計「信念強化型」宣傳；針對國際社群則使用「平衡敘事」來避免直接衝突。

以 2023 年以哈衝突為例，以色列國防軍（IDF）傳播部門結合 AI 輔助生成新聞稿與社群互動回應，讓支持以方觀點的內容迅速取得曝光優勢。針對哈瑪斯操作的英文社群平臺，IDF 運用結構性反駁策略，透過 AI 輔助整理戰場證據、生成國際法框架說明與情緒平衡語句，有效提升回應速度與說服力，進一步主導敘事空間。

第十五章　下一戰場：未來科技與智慧武力的極限對決

此一操作模式不僅節省人力，更大幅提高議題控制率與回應速度，展現出語言模型在敘事主導上的「準軍事化」應用成果。

心理戰的數位化轉向：從廣播到演算法微調

生成式 AI 的核心優勢之一，是能根據使用者行為與偏好進行演算法優化，這使心理戰從過去廣播式的「一對多」，轉變為「多對一」的定向影響結構。也就是說，AI 可依照個人語言模式、政治傾向與文化背景，微調語句達成更高的說服力。

在認知作戰與資訊戰日益受到重視的當代，美國軍方與情報機構逐漸探索人工智慧在心理影響操作中的潛能。根據多項開放資料顯示，美軍曾在中東與中亞等地，透過虛構社群媒體帳號進行心理操作，試圖引導特定群體的輿論方向。

在這些操演中，語言模型與自動化生成技術逐漸被導入，協助撰寫或模擬具說服力的訊息內容。研究者指出，這類訊息往往運用了如「預設共識」（presumed consensus）、「情緒模仿」（emotional mirroring）與「主觀邏輯合理化」（subjective rationalization）等文法結構，進而加強其在目標族群中的感染力。

初步研究與模擬結果也顯示，AI 生成的訊息，若設計得當，確實可能比傳統手法更易引發使用者共鳴，並使其陷入「選擇性真實」的資訊泡泡之中，對外界事實的判斷愈加片面化。

第二節　量子加密與量子破解：資訊優勢的終極之爭

這種操作不僅針對敵國群眾，更可用於敵軍內部士氣瓦解，或反向滲透敵軍指揮結構，模擬誤導性命令或通訊語調，進一步瓦解組織一致性。

> 生成式 AI 不只寫文字，
> 而是在寫戰爭的劇本

生成式 AI 的戰爭角色已不再只是輔助資訊戰的一環，而是直接成為戰略操控與心理影響的主力武器。它能規模化生產假訊息、策略性建構敘事空間、模擬信念迴路，並在極短時間內重新塑造群體認知框架。

生成式 AI 所建構的不只是資訊洪流，而是信念的流向、情緒的聚焦與現實的重新定義。

未來的戰爭可能無需宣戰，只需讓一群人先相信他們已經輸了。語言模型讓這場戰爭，提早在心智裡打響。

第二節　量子加密與量子破解：資訊優勢的終極之爭

「未來的霸權不再靠航母與導彈，而是誰能先在資訊上，讓對手無法說話、無法聽見、無法確認。」

第十五章　下一戰場：未來科技與智慧武力的極限對決

從數位優勢走向量子主權：資訊戰場的轉生

當傳統通訊系統面對量子電腦的解密能力時，過去百年建立的資訊安全邏輯正在逐步崩解。量子電腦不再受限於線性運算規則，其超級並行能力與量子疊加狀態，將使現行 RSA、ECC 等加密體系於數分鐘內被解構。

而在軍事與國安通訊體系中，這意味著一旦失去量子主權，一切命令、衛星通訊、飛彈指引與雷達參數都可能遭到攔截、破解與偽造，直接導致戰略層級的行動癱瘓。

量子加密：打造「不可破解」的戰場通訊鏈

量子加密（Quantum Key Distribution, QKD）是當前量子資安技術中的核心，被稱為「物理層級的資訊保險箱」。其原理基於量子疊加與測不準原理，任何對通訊的竊聽都會被量子狀態所偵測，因此可視為「絕對偵測型通訊技術」。

中國是目前全球在 QKD 應用最早實驗國家之一。自 2016 年起，中國啟動「墨子號」量子衛星，首次完成跨大氣層的量子加密實驗，並於 2021 年擴展為「京滬量子骨幹網」，連接北京、上海、濟南等地，將量子加密應用於政府與軍方的通訊資料。這使其在區域通訊中掌握相對領先地位。

第二節　量子加密與量子破解：資訊優勢的終極之爭

相對地，美國、歐盟與以色列則偏向發展「量子加密通訊模組化部署」，由 DARPA 主導之「Quantum Aperture」專案正研發戰場級可攜式量子加密器材，預計未來可搭載至無人機、雷達車與即時指揮載具上，提升機動應變彈性。

量子破解與反量子防禦：一次技術突變的軍事風險

與加密技術相對的，是被視為「資訊戰核武」的量子破解能力。當前的量子電腦發展尚未達「通用量子運算」階段，但如 IBM、Google 與阿里巴巴等機構皆已展示可對傳統加密模式產生局部解構能力。

2023 年，Google AI 實驗室發布報告指出，透過數百個量子位元（qubits）操作，可在三小時內成功破解 128 位元 RSA 加密片段，雖非即時作戰等級，但足以構成對後勤、通訊資料庫與歷史命令紀錄的潛在威脅。

為了因應量子電腦對現有加密技術的潛在威脅，歐盟正積極推動成員國採用抗量子加密技術，特別是在軍事、政府與醫療等關鍵通訊體系中。這些技術包括格基加密（Lattice-based encryption）與雜湊簽章（Hash-based signatures）等，被視為未來資訊主權穩定的基石。

第十五章　下一戰場：未來科技與智慧武力的極限對決

資訊的不對稱即是戰略槓桿：誰掌握量子誰主導節奏

戰爭並非只有動作，更是節奏與掌握感的較量。在語言模型操縱認知之外，量子技術賦予國家掌握敵我資訊流速差的能力。當你知道得比敵人快、解讀比他深、保密比他穩，那麼即使兵力不如，也可先一步攻其未備。

2022 年烏克蘭戰場上，美國提供之量子強化通訊模組被部署於指揮車隊，用以確保北約與烏軍指揮中心間訊息不被電子干擾與竊聽。此舉使俄軍即便掌握烏軍通訊頻段，也難以進行有效干擾，顯示量子加密技術已成為「通訊不可斷」的戰術保障。

資訊主權的未來，在量子之前與之後

當生成式 AI 改變語言敘事、社群滲透與心理結構時，量子科技則從底層重構通訊、命令與解密機制。這兩者結合，即是未來資訊戰的雙重支柱：上層操縱認知，下層控制資訊，構成心理與技術的同步包圍。

量子戰爭尚未到來，但已悄然成形。它的威力不是在於一瞬間毀滅，而是在於悄悄讓對手聽不到你說話，也無法分辨誰在說話，甚至不再相信自己有權利發聲。

第三節　腦機介面與戰場神經科技：人類極限的再定義

「當意念能直接開火，人類就不再是士兵，而是戰場的延伸。」

人與機器的同步：從操作到神經融合的軍事演進

傳統戰爭中，人類的決策、反應與操作能力始終是戰場節奏的瓶頸。不論是按下發射鍵、輸入指令，還是傳遞命令，都需要經過語言、動作與系統轉譯的時間延遲。然而，腦機介面技術（BCI）正試圖打破這個限制，讓「思考即行動」成為軍事現實。

腦機介面，簡言之，是一套將人類神經活動轉譯為機器語言的裝置，讓使用者透過意念操控電腦、武器系統或機器人。美國 DARPA 自 2018 年起正式啟動「Next-Generation Nonsurgical Neurotechnology」（N3）計畫，目標就是發展不須植入手術即可讓士兵透過腦波操控戰術系統的技術。

意念操作戰爭機器：從想像到實戰測試的距離

在實際應用方面，美國空軍與空軍研究實驗室（AFRL）近年積極投入非侵入式腦機介面（BCI）技術研究，探索如何將腦

第十五章　下一戰場：未來科技與智慧武力的極限對決

波訊號應用於無人機操控與戰術輔助判斷。2020 年相關實驗中，研究人員透過腦電圖（EEG）裝置，成功讓測試者以集中注意力與特定神經反應，操控模擬介面中的多架無人機進行空中監控與目標選擇。

該技術不僅加快操作速度，更排除傳統語音、觸控與鍵盤操作的誤差與延遲。指揮官可直接「思考」戰場畫面中的風險點，即時將命令透過腦波輸入作戰系統，形成人與機同步決策的新型態。

以色列近年積極投入軍事神經科技應用，探索腦機介面（BCI）與神經調控技術於戰場認知與壓力管理中的潛力。其國防創新機構與多家本土新創公司（如 X-trodes、GrayMatters Health）合作，開發非侵入式神經訊號感測裝置，嘗試以腦波與生理訊號即時監控士兵的壓力狀態與決策反應。部分技術亦結合「靜默語音」系統，將神經活動轉換為可識別的操作指令，用於特戰或通訊受限情境中。初步研究顯示，透過神經回饋與調節訓練，可有效提升反應速度與多任務處理能力，未來有望進一步導入實戰演訓。

戰場感知的延伸：
腦神經資料與感官分派技術

BCI 並不僅限於操控，更可用於「資訊回寫」——也就是將戰場感知數據直接回饋至使用者大腦，讓士兵獲得超越自然

第三節　腦機介面與戰場神經科技：人類極限的再定義

五感的認知能力。此技術亦稱為「神經資訊注入」(Neural Info-Embedding)，被視為下一代 C4ISR 系統（指揮、管制、通訊、電腦、情報、監控與偵察）的延伸。

美國國防高等研究計劃署（DARPA）正在推動多項非侵入式腦機介面技術的研究，目的是提升士兵在戰場上的感知與反應能力。這些技術包括透過腦波監測與神經刺激，使士兵能在不依賴傳統螢幕的情況下，即時接收與處理戰場資訊。

心智干預與道德難題：意志還是命令？

然而，當腦機介面進一步與 AI、自動化系統整合後，戰場出現了一個深層倫理難題——意志的界線。當系統可即時分析士兵的神經狀態，並根據「最佳反應」自動強化某種選擇時，士兵是否仍保有主體性？

以美國 N3 計畫為例，其結合 AI 分析士兵壓力指數與戰術選項，在實驗中可引導士兵做出更「精準」的選擇。但當選項的建議來自腦內刺激，而非外部命令，這種模糊的命令形式便可能取代自由意志，導致決策成為算法導向的自動反應。

此外，敵方若能破解 BCI 系統或遠端干擾神經訊號，也可能發動「腦波攻擊」，改寫士兵的戰場判斷與情緒反應。這種被稱為「認知戰場入侵」的手段，將從物理層級進入思維結構，成為心理戰的新形態。

第十五章　下一戰場：未來科技與智慧武力的極限對決

> 從人操作機器，到人就是機器

腦機介面的軍事應用不僅是科技發展，更是戰爭邏輯的質變。它讓指揮速度從秒轉為毫秒、讓資訊處理從眼到腦縮短為「神經間跳接」、讓主體性從外部命令轉為內部演算。戰場不再是一個外在空間，而成為意識與數位的融合場。

未來的士兵，不是更強，而是更快，更準，更像機器。但真正的問題將是──這樣的戰爭，還是人類的戰爭嗎？

第四節　整合式虛實戰爭觀：戰場不在地圖，而在心智

「下一場戰爭將不在疆界上決勝，而在你是否能掌控敵人的感知、信念與決策能力之先。」

超越疆界的戰場定義：從地理到心理的結構轉變

過往的戰爭以「土地爭奪」為主軸，其邏輯清晰：誰控制地圖，誰就是勝者。但進入 21 世紀第三個十年後，戰爭的本質已從占領實體空間轉向掌握「資訊空間」、「認知空間」與「演算法空間」。這三者共同構成了所謂的「虛實整合戰場」。

舉例而言，2022 年烏克蘭成功阻止俄軍深入基輔，並非單

第四節　整合式虛實戰爭觀：戰場不在地圖，而在心智

靠武力，而是透過社群動員、敘事控制與 AI 強化資訊擴散，讓俄軍在輿論、指揮與行動上全面失焦，戰場主動權實質上已經轉移。

語言、密碼與神經：三重領域的融合指揮架構

在未來的整合式戰爭中，三項科技將主導戰場：

- **生成式 AI**：操控認知、產製假訊息、設計敘事節奏
- **量子通訊與破解**：重構加密體系、干擾敵我通訊節點
- **腦機介面與神經科技**：加速人機協作、縮短感知至行動時間

這三項技術並非獨立發展，而是互相依附、共構戰場的「感知－傳輸－決策－執行」鏈條。例如，一個由語言模型產出的假訊息經由量子加密傳送至前線神經連結的士兵，使其腦中產生錯誤戰場地圖而誤判行動方向，最終形成錯誤決策與潰敗。這樣的戰術流程不再是線性，而是感知干擾－信念操控－行動錯位的複合鏈。

美國國防高等研究計劃署（DARPA）近年提出「Mosaic Warfare」概念，致力於建構一種以人工智慧為核心、強調分散作戰與高度模組化的戰略架構。在相關技術研究中，AI 可用於協助戰場資訊整合與任務規劃；量子通訊技術則被視為未來確保命令傳輸加密與抗干擾的重要工具；腦機介面（BCI）亦逐步應用

第十五章　下一戰場：未來科技與智慧武力的極限對決

於士兵生理監控與人機協同測試，探討將情緒、警覺度等生理訊號回饋給指揮鏈的可能性。「腦中作戰室」的構想已在多項實驗計畫中逐步醞釀與驗證。

敵人未出手，你已先動搖：決策前置的攻擊型戰略

整合式虛實戰爭最關鍵的轉折點在於：目標不再是行動，而是信念的構建與阻斷。未來的攻擊行動將集中在「敵人做決定的前幾秒鐘」，藉由提前輸入偏誤、模糊情報或心理暗示，使其做出錯誤選擇。

2023 年，以色列在加薩衝突前夕透過 AI 模擬哈瑪斯反應模型，操縱假訊息釋出節奏，成功誘導敵方指揮官誤以為以軍將展開東側突襲，實際卻從西南奇襲，奪得城鎮控制權。這場作戰沒有派出大量火力，而是依靠節奏主導與心智預判完成。

未來的指揮官將更像演算法設計師，他們不再只思考「派誰去、打哪裡」，而是設計什麼語言結構能先讓敵人懷疑部隊是否值得信任、設計什麼腦波節奏能讓士兵面對壓力仍堅持決策方向、設計什麼破解頻道能在敵人通訊解碼後產生延遲誤判。

第四節　整合式虛實戰爭觀：戰場不在地圖，而在心智

戰爭不再打給敵人看，而是打給全世界的大腦看

在社群時代與數位科技交織下，戰場不再封閉，而是全球同步直播。任何軍事行動，都可能成為全球輿論、國際道德審判與跨國情報操控的交錯點。虛實整合戰場的核心不再是傳統武力對決，而是敘事結構控制權。

2022 年烏克蘭總統澤倫斯基頻繁透過 AI 輔助的敘事模型進行全球直播，成功塑造一個「堅定、文明、守護民主」的角色形象，進一步取得外交與軍援支援。此舉即是虛實戰爭的經典案例：語言、影像與真實戰況的編排構成戰略行動。

心智戰爭是一場全域同步的決策控制工程

當 AI 生成敘事能定義輿論、量子技術能重構通訊結構、腦機介面能加速感知與反應，那麼戰爭將不再是對「地」發動的破壞，而是對「人」本身——其理解力、判斷力與信念系統——發動的精準操控。

整合式虛實戰爭觀的終極形式，是將一場戰爭變成一場由數據驅動的「感知競賽」。先感知者掌握先機、先設計者主導節奏、先控制敘事者決定結果。

第十五章　下一戰場：未來科技與智慧武力的極限對決

後記
臺灣，站在戰爭變革的最前線

　　臺灣，這座島嶼，長年處於地緣政治的強風口。它不只是地圖上的一塊土地，更是一個價值體系的前哨、一個科技文明的交會點、一個民主韌性的試煉場。在這個全世界都在面對「戰爭型態再定義」的歷史節點，臺灣無法置身事外，更不應自外於未來戰爭的準備行列。

　　本書從生成式 AI、量子通訊、腦機介面、混合戰、資訊戰，到心智控制的可能性，一路鋪陳出現代戰爭早已不限於飛彈與戰車的衝突，而是逐步擴散到通訊、能源、金融、語言、情緒與社群之中。這場無聲無形的戰爭，我們已身在其中。

　　而臺灣，正是這場轉變中最脆弱，也最具關鍵性的國家之一。原因很簡單：我們既是科技製造重地，又是資訊自由社會，更是民主制度的範本；我們同時面對來自外部的軍事威脅，也身處內部社會認知操控的風暴核心。未來戰爭最典型的前哨，不在烏克蘭、也不在南海，而可能就在臺灣這個島鏈中樞。

　　但這不該讓我們陷入恐慌，反而應成為我們邁向戰略成熟的契機。正因我們面對的是一個多維戰爭的時代，我們必須思考的是如何打造全民感知戰力──讓每一位公民都理解，戰爭

後記　臺灣，站在戰爭變革的最前線

不僅發生在邊界與軍營，更存在於資訊交換、價值選擇、信任建立與科技應用之中。

臺灣的防禦體系，不能只停留在飛彈攔截與國軍備戰，更應跨足資安聯防、社群風險控管、教育敘事韌性、公私協力機制與科技戰略投資。我們需要一個能整合政府、產業、學術與民間社群的防衛生態系 —— 讓資安工程師成為國防力量的一環，讓語言學者與心理學者能為戰略規劃貢獻敘事洞察，讓公民社群具備辨識假訊息、拒絕操控、捍衛價值的基本能力。

未來的臺灣，應是一個能在高風險環境下穩定輸出民主效能與科技信任的國家。我們無法控制地緣政治的每一波風浪，但我們能選擇建構一套不依賴單一領域、不脆弱於單一攻擊、不混亂於認知戰的全民國防意志體系。

當戰爭的本質已從摧毀轉為滲透，從攻城轉為攻心，從占領轉為操縱，那麼「守護臺灣」的真正任務，也必須升級為「守護真實、守護思辨、守護人心」。

因為最終，真正的國防，不是擋住敵人，而是讓臺灣永遠有力量做自己的主人。

國家圖書館出版品預行編目資料

制勝於無形：資訊戰與現代軍事操作 / 周煥之著. -- 第一版. -- 臺北市：機曜文化事業有限公司, 2025.06
面；　公分
POD 版
ISBN 978-626-99636-6-9(平裝)
1.CST: 資訊戰 2.CST: 軍事戰略
592.4　　　　　　　　114007123

電子書購買

爽讀 APP

制勝於無形：資訊戰與現代軍事操作

臉書

作　　者：	周煥之
發 行 人：	黃振庭
出 版 者：	機曜文化事業有限公司
發 行 者：	機曜文化事業有限公司
E - m a i l：	sonbookservice@gmail.com
粉 絲 頁：	https://www.facebook.com/sonbookss/
網　　址：	https://sonbook.net/
地　　址：	台北市中正區重慶南路一段 61 號 8 樓

8F., No.61, Sec. 1, Chongqing S. Rd., Zhongzheng Dist., Taipei City 100, Taiwan
電　　話：(02) 2370-3310　　傳　　真：(02) 2388-1990
印　　刷：京峯數位服務有限公司
律師顧問：廣華律師事務所 張珮琦律師

-版權聲明

本書作者使用 AI 協作，若有其他相關權利及授權需求請與本公司聯繫。
未經書面許可，不可複製、發行。

定　　價：395 元
發行日期：2025 年 06 月第一版
◎本書以 POD 印製